Schriften
der Wissenschaftlichen Gesellschaft Straßburg
25. Heft

Von Zahlen und Zahlworten bei den alten Ägyptern

und was für andere Völker und Sprachen daraus zu lernen ist

Ein Beitrag
zur Geschichte von Rechenkunst und Sprache

von

Kurt Sethe

Straßburg
Karl J. Trübner
1916

Von Zahlen und Zahlworten bei den alten Ägyptern
und was für andere Völker und Sprachen daraus zu lernen ist

Ein Beitrag
zur Geschichte von Rechenkunst und Sprache

von

Kurt Sethe

Mit drei Tafeln

Straßburg
Karl J. Trübner
1916

Druck von M. DuMont Schauberg, Straßburg.

Inhaltsübersicht.

I. Das Ziffernsystem der Ägypter.

(Hierzu Tafel I.)

Allüberall auf Erden sehen wir den Menschen, wo er mit Zahlen operiert, in seinem Denken wie in seinem Sprechen durchaus im Banne des Dezimalsystems, das ihm die Natur in seinen Fingern — in des Wortes wahrer Bedeutung — an die Hand gegeben hat [1]). Man hat dieses System, das die Menschen oft wegen der beschränkten Teilbarkeit der Grundzahl 10 als unbequem empfunden haben, und das sie in alten Zeiten verschiedentlich, stets unvollständig und im wesentlichen erfolglos, durch andere praktischere Systeme wie das Duodezimal- und das Sexagesimalsystem zu durchkreuzen getrachtet haben, treffend mit einem Netze verglichen, aus dessen Maschen sich die Menschheit nun einmal nicht wieder befreien könne [2]).

Auch die alten Ägypter waren in die Maschen dieses Netzes fest verstrickt. Sie haben sich aber, im Unterschied zu andern Völkern des Altertums, als praktische Leute in das Unvermeidliche gefügt und sich mit diesem ihre Sprache, wie alle andern Sprachen der Erde, nun einmal beherrschenden Zahlensystem ein für allemal abgefunden. Die Ägypter haben sich daher ein Ziffernsystem auf rein dezimaler Grundlage in der denkbar zweckmäßigsten Weise angelegt, so vortrefflich, wie das vor der Entdeckung des Stellenwertes der Zahlen und des Zeichens für Null durch die Inder überhaupt möglich war.

---

[1]) Auch wo die 5 als Zahl der Finger einer Hand (z. B. in den polynesischen Sprachen) und die 20 als Zahl der Finger und Zehen (z. B. bei den Basken) eine ähnliche Rolle spielen, wie bei uns die 10, und man von einer quinaren oder vigesimalen Zählweise reden kann, fällt die Sprache schließlich doch immer wieder in das Dezimalsystem zurück (s. u. II 3). Sie bezeichnet beispielsweise wohl 6 als $5 + 1$, 7 als $5 + 2$ usw., verfährt dann aber von 10 an doch wieder genau wie unsere Sprachen, indem sie 11 als $10 + 1$, 12 als $10 + 2$ usw. und 30 als 3×10, 40 als 4×10 usw. bezeichnet, und für 100 ein neues Wort bildet (so z. B. in den poly- und melanesischen Sprachen).

[2]) Jakob Wackernagel in seinem Bericht über die am 16. Juni 1913 abgehaltene Jahresfeier der Georg-August-Universität usw. S. 15.

1. Die Ziffern.

Das ägyptische Ziffernsystem, wie es uns bereits bei Beginn der Geschichte (spätestens 3300 v. Chr.)[1]) fertig in Gebrauch auf den Denkmälern entgegentritt[2]), besitzt für die Eins und für jede Potenz von 10 bis hinauf zur Million ein besonderes Zahlzeichen, das so oft wiederholt wird, als die betreffende Zahlengröße vorhanden sein soll. Es ist also dasselbe Prinzip, nach dem auch die Phoiniker und in älterer Zeit auch die Griechen (in den sogen. herodianischen Zahlzeichen) ihr Ziffernsystem gestaltet haben, und das auch dem etruskisch-römischen Ziffernsystem im wesentlichen zugrunde lag.

Die hieroglyphischen Formen der Zahlzeichen für die verschiedenen Potenzen von 10 sind:

Eins: ein senkrechter, einfacher Strich 𓏺 *wc(j·w)*.

Zehn: ein stehender Bügel 𓎆 *mḏ(·w)*.

Hundert: ein Strick 𓍢 *š·t* (dies der spätere Lautwert), ursprünglich vielleicht *šn·t* [3]).

Tausend: eine Lotuspflanze 𓆼 *ḫꜣ*.

Zehntausend: ein stehender Finger 𓂭, abgekürzt 𓂭 *ḏbc*.

Hunderttausend: eine Kaulquappe 𓆐 später auch 𓆐 geschrieben[4]), *ḥfn*.

Million: ein Gott 𓁨 *ḥḥ*, in älterer Zeit ohne das 𓆳 auf dem Kopfe.

Die Einer und Zehner werden in bestimmten Fällen auch wagerecht gelegt (⊃ = 10, − = 1) statt aufrecht zu stehen, so z. B. stets in den

---

[1]) Die Hauptperioden der ägyptischen Geschichte sind:
Älteste Zeit (Dyn. 1—2) spätestens ca. 3300 bis 2900 v. Chr.
Altes Reich (Dyn. 3—6) spätestens ca. 2900 bis 2400 v. Chr.
Mittleres Reich einschl. Hyksoszeit (Dyn. 12—16) 2000 bis 1600 v. Chr.
Neues Reich (Dyn. 17—21) ca. 1600 bis 950 v. Chr.
Spätzeit (Dyn. 26—30): 663 bis 332 v. Chr.
Ptolemäerzeit: 332 bis 30 v. Chr.
Römische Zeit: 30 vor Chr. bis 640 nach Chr.

[2]) Die ältesten bekannten Belege für das ägyptische Ziffernsystem sind:

1. Das Siegesdenkmal des Königs *Ncr-mr* aus dem Anfang der 1. Dynastie (spätestens ca. 3300 v. Chr.), Quibell, Hierakonpolis I pl. 26 B. Dort wird die Zahl der gemachten Gefangenen auf 120000, die der erbeuteten Rinder und Ziegen auf 400000 und 1422000 angegeben.

2. Die Statue des Königs *Ḥcj-sḫm* (Chac-sechem) aus dem Ende der 2. Dynastie (spätestens ca. 2900 v. Chr.), Quibell a. a. O. pl. 40. Dort ist die Zahl der „unterägyptischen Rebellen", die sich „unter den Sohlen des Königs" befinden sollen, auf 47208 angegeben.

[3]) Spiegelberg, Ztschr. f. äg. Sprache 36, 135ff.

[4]) Brugsch, Thesaurus II 202.

Tagesdaten im Hieratischen und Demotischen, wie in den hieroglyphischen Inschriften der älteren Zeit[1]).

Von diesen 7 Zeichen, durch deren Zusammensetzung und Wiederholung alle Zahlen, die im Leben des alten Ägypters vorkamen, ausgedrückt werden konnten, ist das erste, der einfache Strich, die natürliche Bezeichnung für die Einer, die man überall auf der Erde wieder antrifft. Da die Grundzahl des Zahlensystems, die Zehn, auf der Zahl der Finger beruht, so wäre es nicht undenkbar, daß jener Strich, der die Einer bezeichnet, im letzten Grunde auf eine primitive Andeutung des einzelnen Fingers zurückgehe. Nannten doch die Römer nach dem Zeugnis des Boethius die Zahlen von 1 bis 9 in der Tat *digiti*, und danach nennen noch heute die Engländer die Einer *digits*[2]). Vielleicht hat man in diesem Sinne auch das von Suidas[3]) zitierte dunkle Wort eines Persers Orontes zu deuten, der gesagt haben soll, der kleinste Finger bezeichne sowohl 10000 (vgl. das äg. Zeichen für diese Zahl) als 1.

Die übrigen Zahlzeichen, die wir im Verhältnis zu diesem Einerstrich als jünger ansehen müssen, scheinen zu ihrer Rolle als Ziffer sämtlich aus phonetischen Gründen berufen worden zu sein. Man schrieb die betreffenden Zahlen mit den Bildern solcher Worte, die die gleichen Konsonanten enthielten, wie man das auch mit andern Worten und Konsonantenfolgen tat, die man phonetisch schreiben wollte. Natürlich beruht die dem zugrunde liegende Übereinstimmung im Konsonantismus ihrerseits nicht selten auf einem etymologischen Zusammenhang beider Worte. Dies ist z. B. sicher

---

[1]) Zum Verständnis sei hier für nicht-ägyptologische Leser folgendes bemerkt: Die Hieroglyphenschrift, die älteste Form der altägyptischen Bilderschrift (richtiger: Schrift aus Bildern), die die Gestalt der Gegenstände deutlich erkennbar bewahrt, ist nur die Schrift der Denkmäler (aus Stein, Holz, Metall) und daher meist eingemeißelt. Das Hieratische und Demotische ist dagegen die aus dieser Bilderschrift hervorgegangene Kursive, die im praktischen Leben beim Schreiben auf wirklichem Schreibmaterial (Papyrus, Leder, Holztafeln, Steinsplitter oder Topfscherben, d. i. das sogen. Ostrakon) gebraucht wird. Hieratisch nennt man dabei die ältere Form dieser Schreibschrift bis zum 8. Jh. vor Chr., demotisch, die jüngere, von da an bis zum Aufhören des heidnisch-ägyptischen Schrifttums. Das Koptische ist die mit griechischen Buchstaben, unter Hinzunahme einiger Zeichen aus der demotischen Schrift (ϣ = *š*, ϥ = *f*, ϩ = *h*, ϧ = *ḫ*, ϫ = *dj*, ϭ = *č*, ϯ = *ti*), geschriebene Sprache der christlichen Ägypter, die uns in diesem Gewande vom 3. Jh. nach Chr. an entgegentritt, als lebende Sprache vor einigen Jahrhunderten abgestorben ist, aber noch heute als offizielle Kirchensprache der christlichen Ägypter (sogen. Kopten) ein Scheindasein führt.

Die altägyptische Schrift wurde derart geschrieben, daß die Bilder nach rechts blicken und die Worte von rechts nach links gelesen werden. Die hieroglyphische Schrift, die ja die Gestalten der Bilder deutlich bewahrt, wird indes aus dekorativen und andern Gründen auch oft umgedreht, sodaß die Schriftrichtung dann die gleiche wie in unserer Schrift ist. Unsere hieroglyphischen Drucktypen weisen diese umgekehrte Richtung auf. Daher hat man sich ein in Typen gedrucktes hieroglyphisches Zeichen, wenn man es mit den entsprechenden hieratischen und demotischen Zeichenformen vergleichen will, stets umgedreht zu denken.

[2]) Cantor, Gesch. der Mathematik[3] I S. 583.

[3]) s. Ἀρβαζάκιος.

der Fall bei den Zahlen von 10000 an aufwärts (s. u. II 1); möglicherweise auch bei *ḫ*: „1000".

Gegenüber dem System, das die Hebräer und die Griechen seit dem 3. Jh. vor Chr. für die Bezeichnung der Zahlen anwendeten, — Verwendung der Buchstaben des Alphabets in ihrer Reihenfolge, die ersten 9 für die Einer, die nächsten 9 für die Zehner (10, 20 usw. bis 90), der Rest für die Hunderter (100, 200 usw. bis 900), — hat das ägyptische Ziffernsystem den Nachteil, daß es weit mehr Raum beansprucht, dagegen den großen Vorteil, daß es nur mit 7 Zeichen operiert und sehr übersichtlich ist[1]). Beide Vorzüge werden in der Schrift des täglichen Lebens, dem Hieratischen und Demotischen, zum großen Teile wieder aufgehoben dadurch, daß die aus mehreren Ziffern eines Wertes gebildeten Zahlengruppen im Laufe der Zeit stark kursive Formen annehmen, die die ursprüngliche Zusammensetzung oft nicht mehr erkennen lassen, z. B.:

hieratisch		9	aus	hieroglyphischem	
„		50	„	„	
demotisch		3	„	„	
„		20	„	„	

Dadurch ist tatsächlich eine ganze Anzahl neuer Ziffern entstanden, die zu erlernen dem ägyptischen Schreibschüler gewiß nicht geringe Mühe gemacht haben wird. Eine Übersicht darüber gibt unsere Tafel I[2]).

2. Die Gruppierung der Ziffern.

Für die Gruppierung der Zeichen desselben Wertes, die zusammen die beabsichtigte Einer-, Zehner-, Hunderter- usw. Zahl ausdrücken, haben sich frühzeitig bestimmte Regeln ausgebildet, die von den hieroglyphischen Inschriften nicht immer, ausnahmslos dagegen in den festen Formen der Schrift des praktischen Lebens, im Hieratischen und Demotischen, beobachtet werden.

Diese Regeln dienen nicht nur dem ästhetischen Zwecke, dem Auge eine gefällige Gruppierung der Ziffern zu bieten, sondern haben zugleich

[1]) Vgl. hierzu die Bemerkungen von Cantor, Gesch. der Mathem.[3] I S. 129.

[2]) Die Entstehung der hieratischen Formen der Zahlzeichen aus ihren hieroglyphischen Urbildern kann man gut verfolgen in dem grundlegenden Werke von G. Möller, Hieratische Paläographie I—III, Nr. 614ff. Die demotischen Formen findet man am besten zusammengestellt bei Griffith, Catalogue of the demotic papyri in the John Rylands Library III 415ff. Brugsch, Demotische Grammatik § 131ff. Nach diesen Quellen ist die dieser Arbeit beigegebene Tafel I zusammengestellt worden, die natürlich aus der unendlichen Fülle der vorkommenden Variationen nur je eine typische Form gibt.

und vielleicht in erster Linie eine hervorragend praktische Bedeutung. Sie lassen die Anzahl der aufeinanderfolgenden Ziffern gleichen Wertes auf den ersten Blick übersehen.

Man gruppiert die gleichwertigen Ziffern zu Vieren, Dreien und Zweien (seltener auch zu Einem), und zwar geht dabei stets die größere Gruppe der kleineren voran. Nehmen wir die Einer als Beispiel, so schreibt man:

<table>
<tr><th></th><th>nebeneinander</th><th>übereinander</th><th>neben- und übereinander</th></tr>
<tr><td>2.</td><td>||</td><td>|
| (nur in ∩
∩ 20)</td><td></td></tr>
<tr><td>3.</td><td>|||</td><td>||
| (fast nur in ∩∩
∩ 30
bisweilen in 𓍢𓍢
𓍢 300)</td><td></td></tr>
<tr><td>4.</td><td>||||</td><td>||
|| (seltener)</td><td></td></tr>
<tr><td>5.</td><td>||| ||</td><td>|||
||</td><td></td></tr>
<tr><td>6.</td><td>||| |||</td><td>|||
|||</td><td></td></tr>
<tr><td>7.</td><td>|||| |||</td><td>||||
|||</td><td></td></tr>
<tr><td>8.</td><td>|||| ||||</td><td>||||
||||</td><td></td></tr>
<tr><td>9.</td><td>||| ||| |||</td><td>|||
|||
|||</td><td>||| |||
|||</td></tr>
</table>

Hier sind die Gruppierungen, die in den hieratischen und demotischen Formen als feste Regel auftreten, fett, die andern nicht fett gedruckt.

Dieselben Gruppierungsregeln lassen sich auch sonst, z. B. im Pehlewi, nachweisen[1]).

Durchmustert man die obige Tabelle, so zeigt sich deutlich, daß ein wirkliches dringendes Bedürfnis nach Trennung in Gruppen erst nach 4 gleichen Zahlen einsetzt, also gerade wie im Lateinischen, wo IIII, XXXX, CCCC auch noch geduldet werden und erst mit der V = 5, L = 50, D = 500 eine neue Zahl einsetzt.

[1]) Pott, Sprachverschiedenheit in Europa, S. 105.

Wo nur 2 und 3 gleiche Zahlen zu schreiben sind, werden sie in guten hieroglyphischen Inschriften und im Hieratischen und Demotischen in einer Gruppe nebeneinanderstehend geschrieben; nur bei den Zehnern 𓎇 = 20 und 𓎈 = 30 wird in eben diesen Schriftarten eine Ausnahme gemacht, wohl weil das einzelne Zeichen 𓎆 schon zwei senkrechte Striche aufwies.

Eine eigentümliche Begleiterscheinung hat diese Gruppierung bei dem Zeichen 𓆼 für 1000 (*ḫꜣ*) gehabt, das eine Lotuspflanze darstellt. In den ältesten hieroglyphischen Inschriften (bis Dyn. 6) vereinigt man dieses Zeichen, der ideographischen Bedeutung des Bildes entsprechend, da wo es nach den obigen Regeln in einer Gruppe von mehreren Exemplaren erscheinen mußte, zu einem Busch, als ob man nicht 2000, 3000 usw. schreiben wollte, sondern 2 resp. 3 *ḫꜣ*-Pflanzen. Man schreibt also:

 = 2000, Quibell, Hierakonpolis I pl. 26 B (Dyn. 1).

 = 7000, ib. pl. 39 (Dyn. 2); vgl. Palermostein Vs. 6, 2 (Dyn. 3).

 = 3000 }
 = 2000 } Borchardt, Grabtempel des Königs Saḥu-reʿ II Tafel 1 (Dyn. 5).

Ebenso schreibt man den Pluralis des Wortes *ḫꜣ* „Tausend“, der dem alten Brauche entsprechend durch dreimalige Wiederholung des Wortzeichens anzudeuten war, im alten Reich mitunter noch als Busch von drei Lotuspflanzen  *ḫꜣ·w* „Tausende“ neben 𓆼𓆼𓆼, Pyr. 745 b.

Diese spielende, ideographisierende Schreibung, eine auch sonst zu beobachtende Eigentümlichkeit der ältesten Hieroglyphenschrift[1]), verschwindet in unserem Falle mit der 6. Dynastie vollkommen aus der Hieroglyphik. Man schreibt von nun an in hieroglyphischen Texten nur noch 𓆼𓆼 für 2000, 𓆼𓆼𓆼𓆼 für 4000 usw. und 𓆼𓆼𓆼 oder 𓆼𓏥 für *ḫꜣ·w* „Tausende“.

Die alte Zusammenfassung der 𓆼-Zeichen zu Büschen hat sich aber im Hieratischen und Demotischen bis in die spätesten Zeiten in verkapptem Zustande erhalten und dort ein viel längeres Leben geführt, als man erwarten sollte. Vergl. die Zeichenformen:

hieratisch  = 2000 (Dyn. 12), 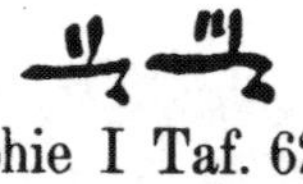 = 5000 (Dyn. 19), Möller, Hierat. Paläographie I Taf. 62. II Taf. 58.

demotisch  = 2000,  = 6000, Griffith, Rylands demot. papyri III 417. Brugsch, Gramm. démot. § 133.

---

[1]) Vgl. meine Bemerkungen darüber Ztschr. f. äg. Sprache 52, 58.

Wir werden einen ganz ähnlichen Fall, daß sich eine uralte Schreibung in der Schrift des täglichen Lebens, im Unterschied zum Hieroglyphischen, erhalten hat, bei dem Bruch $^1/_4$ antreffen (s. u. III 3).

3. Die Zusammenstellung zusammengesetzter Zahlen.

Die zusammengesetzten Zahlen, die der Ägypter ausdrücken will, werden aus den oben in Abschnitt 1 verzeichneten 7 Ziffern in der Weise zusammengestellt, daß die größeren Zahlen den kleineren vorangehen, z. B.:

 1 234 567

Diese Ordnung der Ziffern in absteigender Reihenfolge entspricht dem aus dem Koptischen zu entnehmenden Gebrauch der Sprache, bei der Addition die kleineren Zahlen den größeren asyndetisch folgen zu lassen[1]):

ϫⲟⲩⲧ-ⲁϥⲧⲉ (sahid. Dialekt) : ϫⲱⲧ ϥⲧⲱⲟⲩ (bohair. Dialekt) „zwanzig (und) vier“ = 24.

ϣⲙ̄ⲧ-ϣⲉ ⲙⲛ̄ⲧ-ϣⲙⲏⲛ (sahid.) „dreihundert zehn (und) acht“ = 318.

Man verfährt also stets wie in *viginti quattuor*, *twenty four*, *vingt-quatre*, niemals wie in *quattuor et viginti*, *vierundzwanzig*.

Wie aus den angeführten koptischen Beispielen ersichtlich ist, werden die in dieser Weise mit einer Einerzahl verbundenen Zahlen 10 (ⲙⲏⲧ) und 20 (ϫⲟⲩⲱⲧ : ϫⲱⲧ), die letztere jedoch nur im oberägyptischen Dialekte (dem „Sahidischen“), verkürzt (Status constructus). Bei den andern Zehnern tritt diese Verkürzung ebensowenig, wie bei den Hunderten und Tausenden, bei der Addition ein.

Daß die Verbindung zwischen der höheren Zehnerzahl und der ihr folgenden Einerzahl auch in älterer Zeit nur eine lose war, läßt der Ausdruck *70-k 5 n ḳrr·t* „deine 75 von Höhle(n)“, Leps. Denkm. Text III 196[2]) erkennen, bei dem die Zahl 70 das Possessivsuffix erhält und durch dieses von der Zahl 5 getrennt ist. Dieses Beispiel kann wörtlich nur mit Einschiebung eines „und“, das im Ägyptischen ja meist unausgedrückt bleibt, wiedergegeben werden: „deine 70 und 5 von Höhle(n)“.

Diese Anknüpfung mit „und“, bei der aber immer die höhere Zahl der niedrigeren vorangehen muß, kennt auch das Koptische, das dazu wie gewöhnlich die Präposition ⲙⲛ̄- „mit“ verwendet[3]):

ⲧⲁⲓⲟⲩ ⲙⲛ̄-ⲟⲩⲁ „fünfzig und eins“ = 51.

ϣⲉ ⲙⲛ̄-ϣⲙⲟⲩⲛ „hundert und acht“ = 108.

---

[1]) Vgl. Stern, Kopt. Gramm. § 278. 280.

[2]) Zur Anknüpfung des gezählten Gegenstandes durch den Genitivexponenten *n*, hier durch „von“ übersetzt, s. u. II 6.

[3]) Ztschr. f. äg. Sprache 47, 33.

Das oben mitangeführte Beispiel für 318 zeigt bereits, daß die Voranstellung der kleineren Zahl vor die größere Multiplikation bedeutet. Vgl. dafür ferner:

ⲥⲁϣϥ ⲛ̄-ϣϥⲉ „sieben von Siebzig(en)“ = 7 mal 70, Matth. 18, 22, neben ϣϥⲉ ⲥⲁϣϥ „siebenzig sieben“ = 77.

ϥⲧⲟⲩ-ϣⲟ „vier Tausend“ = 4000.

ϯⲟⲩ ⲛ̄-ⲧⲃⲁ „fünf von Zehntausend(en)“ = 50000.

Daher bedeutet denn auch ϥⲧⲟⲩ-ϫⲟⲩⲱⲧ „vier Zwanzig“ nicht 24, sondern 80 wie *quatre-vingts* (s. u. II 3).

Das älteste deutliche Beispiel für diese multiplikative Wirkung der Voranstellung ist in gewissem Sinne:

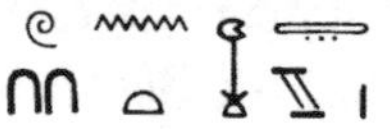 „120 von Tausend(en) Land“, das mit 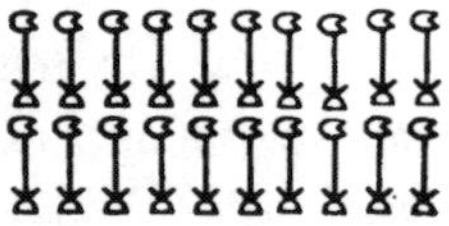

„20 Tausend (Land)“ zusammen die Summe  „140 (Tausend Land)“ gibt, Leps. Denkm. III 13b (Dyn. 13). — Doch ist hier *ḫꜣ tꜣ* „Tausend Land“ resp. *ḫꜣ* „Tausend“, wie die Nichtanwendung des Zahlwortes *ḏbꜥ* „10000“ und die ganze Konstruktion schon zeigen, eine Maßeinheit, die denn auch sonst zu belegen ist[1]).

Die Voranstellung der kleineren Multiplikatorzahl vor die größere zu multiplizierende Zahl entspricht denn auch so durchaus nur dem allgemeinen Gebrauch, der für die Verbindung von Zahlwort und gezähltem Worte von den ältesten Zeiten bis ins Koptische festzustellen ist (s. u. II 6), daß an ihrem Alter vernünftigerweise nicht zu zweifeln ist. Für das neue Reich ist sie übrigens für die Vielheiten der 100 und 1000 indirekt durch Wort- und Schriftspielereien sicher bezeugt[2]).

Eine gewisse Abänderung der alten Ziffernordnung tritt mit dem mittleren Reich ein[3]); vermutlich mit unter dem Einfluß der Tatsache, daß Zeichen und Wort für die Million (*ḥḥ*) als Ziffer und Zahlwort außer Gebrauch gekommen sind und jetzt das nächst niedrigere Zahlwort für 100000 (*ḥfn*) zur höchsten Zahleneinheit avanciert ist (s. u. Abschn. II 1). Da es nun naturgemäß nicht nur wie bisher mit Einern, sondern auch mit Zehnern und Hundertern multipliziert vorkommen konnte, so mußte eine andere Bezeichnungsweise für seine Multiplikation gefunden werden. Es wäre eine schwere Aufgabe und Geduldsprobe für die Schreiber gewesen,

---

[1]) Vgl. Griffith, Proc. Soc. bibl. arch. 14 (1892), 412.

[2]) Für 300 bis 700 durch die Wortspiele des Papyrus Leiden J. 350 (Ztschr. f. äg. Sprache 42, 35 ff.), für 6000 durch die spielende Schreibung 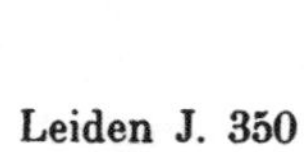 (= 6000, sprich etwa **su-ḫo*. kopt. ⲥⲟⲟⲩ ⲛ̄-ϣⲟ) für *sḫ·w* „Schreiber“ plur. (Ztschr. f. äg. Sprache 12, 147).

[3]) Zuerst belegt in den mathematischen Papyrusfragmenten aus Kahun aus der zweiten Hälfte der 12. Dynastie (19. Jh. vor Chr.), Griffith, Hieratic papyri from Kahun and Gurob pl. 8.

etwa 101 mal das nicht eben leicht zu zeichnende Bild der Kaulquappe zu zeichnen, um 10 100 000 auszudrücken, und nicht minder schwierig für den Leser, sich in einem solchen Gewimmel von Kaulquappen zurechtzufinden und ihre Zahl genau zu bestimmen. Man schreibt deshalb im Hieratischen nunmehr das Zeichen der Kaulquappe (100 000) nur einmal und fügt darunter eine Zahl zu, die den Multiplikator angibt, also:

 100 000,  2 800 000,  10 100 000, Möller, Hierat. Paläographie I Taf. 63. II Taf. 59.

In hieroglyphischen Texten ist diese Bezeichnungsweise seit dem neuen Reich zu belegen:

 100 000, Karnak Tempel des Montu (Zeit Amenophis' III, ca. 1400 vor Chr., nach eigener Abschrift).

 27 000 000, Brugsch, Thesaurus III 604 (ptolem. Zeit).

Daneben findet sich aber noch ganz nach alter Weise:

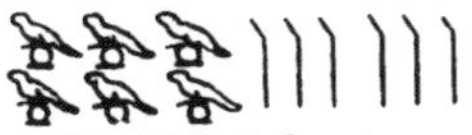 = 660 000, Urk. II 104 (Pithom-Stele des Ptolemaios Philadelphos); vgl. ib. 45.

Die Bezeichnung des Multiplikators durch Untersetzen wird gleichzeitig im Hieratischen auch bei dem Zeichen für die Zahl 10 000 — die später im Demotischen und Koptischen zur höchsten Zahl wird — teilweise üblich. Man schreibt im Hieratischen auch die Zahlen von 40 000 (so im mittleren Reich) oder 50 000 (so im neuen Reich) an aufwärts in dieser Weise:

 40 000, 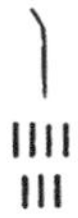 70 000, Griffith, Hieratic Papyri from Kahun pl. 8.

 60 000,  90 000, Möller, Hierat. Paläogr. II Taf. 59.

In die hieroglyphischen Texte scheint diese Schreibweise nicht Eingang gefunden zu haben.

Für das Zeichen  1000 kenne ich das gleiche Verfahren nur aus der Stele von Bilgai (Ende der 19. Dyn.)[1]), wo  für 4000 (Z. 17) und

---

[1]) Gardiner, Ztschr. f. äg. Sprache 50, Taf. IV.

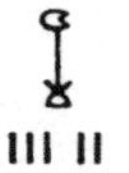 für 5000 (Z. 18) neben 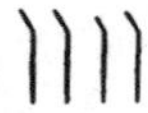 für 40 000 (Z. 20) und 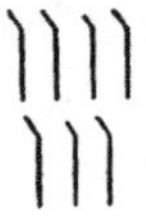 für 70 000 (zweimal in Z. 20) vorkommt.

In der ägyptischen Schrift pflegt Untereinanderstellung von Zeichen im allgemeinen gleichbedeutend mit Nacheinanderstellung zu sein; das unten stehende Zeichen ist daher in der Regel nach dem oben stehenden zu lesen. Danach sollte also in den obigen Kombinationen von Rechts wegen die Multiplikatorzahl nach der Multiplikandenzahl gelesen werden. Davon kann nun aber ohne Zweifel keine Rede sein. Die Sprache muß zwischen  = 10 006 und 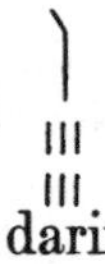 60 000 einen klaren Unterschied gehabt haben, und der kann nur darin bestanden haben, daß ebenso wie im Koptischen bei der Multiplikation (6 · 10 000 = 60 000) die kleinere Zahl, als Multiplikator, voran-, bei der Addition (10 000 + 6 = 10 006), als Addendus, nachstand.

Es wäre in der Tat doch auch im höchsten Maße unwahrscheinlich, daß Zahlworte wie 3000, 60 000 im älteren Ägyptisch eine wesentlich andere Bildung gehabt haben sollten als später im Koptischen. Die oben S. 8 Anm. 2 zitierten Spielereien bestätigen das ja auch für das neue Reich klar.

Wir werden weiter unten sehen, daß sich gegen die allgemeine Regel der Zeichenstellung die Nachstellung von Zahlzeichen (Ziffern) in der Schrift auch sonst belegen läßt, wo das Zahlwort vor dem gezählten Gegenstande gesprochen wurde (s. u. Abschn. II 6).

II. Kardinalzahlen.

1. Die höchsten Zahlwörter.

Wie im Griechischen und Hebräischen die höchsten einfachen Zahlausdrücke, über die die Sprache verfügt, die Worte für 10 000 μύριοι und *r^{e}bhābhā* und unser deutsches „Tausend“ (eig. „Menge“) ursprünglich allgemeine Bezeichnungen für „sehr viel“, „unzählbar“, „unendlich groß“ gewesen sind, so auch im Ägyptischen die Ausdrücke für „Million“ (*ḥḥ*) und für 100 000 (*ḥfn*) und wahrscheinlich auch der für 1000 (*ḫꜣ*). Alle diese Worte werden auch während ihrer Geltung als Zahlworte noch häufig in ihrer unbestimmten Grundbedeutung verwendet. Die höchsten fallen überhaupt im Laufe der Zeit nach und nach ganz in sie zurück und scheiden aus der Reihe der Zahlwörter wieder aus (s. u.).

Die Zahlwörter von 100 an aufwärts werden im Ägyptischen ebenso gleich anderen Sachen mittels der Zahlen 2 bis 9 gezählt, wie bei uns *zweihundert, dreitausend*. Dagegen wird die Zahl 1 nicht in dieser Weise verwendet (s. aber Ende von Abschnitt 6); für *einhundert*, *eintausend* sagt man im Ägyptischen eben nur *hundert*, *tausend*.

Die höheren Zahlwörter, die gerade so wie irgendwelche Substantiva behandelt erscheinen, haben auch wie alle andern Substantiva ein bestimmtes grammatisches Geschlecht, das sie ohne Rücksicht auf das Geschlecht des Gegenstandes, zu dessen Zählung sie verwendet werden, behalten (s. u. Abschn. 6). Dieses Geschlecht ist bei den oben genannten Zahlworten (*ḥḥ*, *ḥfn*, *ḫꜣ*) männlich, ebenso nach der Vokalisation zu schließen bei dem Worte für 10 000 (*ḏbꜥ*). Dagegen hat das Zahlwort für 100 (*š·t*) ursprünglich weibliches Geschlecht gehabt wie im Semitischen.

1 000 000.

Das Zahlwort für die Million *ḥḥ* (kopt. ϩⲁϩ) wird mit dem Bilde eines Gottes (als solcher kenntlich an der Form des Bartes) geschrieben, der die Arme zum Himmel emporstreckt:  Es soll damit nicht etwa, wie man in der Kindheit der Ägyptologie allen Ernstes geglaubt hat, sein Erstaunen oder Entsetzen über die ungeheuere Zahl, die er zu vertreten hat, ausgedrückt werden, sondern wir haben es mit dem Bilde des kosmischen

Gottes *Ḥḥ* zu tun[1]), eines der 8 „Urgötter“, der den Himmel unter der Erde tragen sollte[2]), wie es der, später oft ganz in gleicher Haltung dargestellte, Gott des Luftraums Schu (*Šw* „Leere“) mit demjenigen über der Erde tat. Der Name dieses Himmelsträgers *Ḥḥ* ist augenscheinlich eben unser Wort *ḥḥ* und bedeutet wie dieses „Unendlichkeit“. Da man diesen abstrakten Begriff nicht direkt durch ein Bild darstellen konnte, schrieb man dafür das Bild der Person, die ihn verkörperte oder nach ihm benannt war, und deren Name daher die gleichen Konsonanten aufwies (phonetische Übertragung).

Seiner Form nach dürfte das Wort *ḥḥ* eine Reduplikation von *ḥꜣ*, *ḥj* oder *ḥw* sein, wie die Namen der beiden andern „Urgötter“ *Kk* und *Nn*[3]). Man könnte einen Zusammenhang zwischen ihm und dem Verbum *ḥḥ* (defektiv für *ḥjḥj*) „suchen“ vermuten, derart, daß *ḥḥ* das „Gesuchte“ resp. das „Suchen“ ohne Finden bezeichnet habe[4]). Vgl. dazu, was unten über *ḫꜣ* „1000“ gesagt ist.

Als Zahlwort ist *ḥḥ* bereits im neuen Reich sicher außer Gebrauch gekommen. In der lebendigen Sprache dieser Periode, wie sie uns in den hieratischen Texten vorliegt, gebraucht man statt dessen als Ausdruck für Millionenzahlen die Vielfachen von *ḥfn* „100 000“. Es steht zu vermuten, daß damit die oben besprochene Änderung in der Schreibung der Ziffern zusammenhing, die wir seit dem mittleren Reich für 100 000 und 10 000 beobachten, und daß demnach die Ausmerzung des *ḥḥ* als Zahl bereits in diese Periode zurückgeht.

In den hieroglyphischen Inschriften der Denkmäler, die ja die alte Sprache gebrauchen, ist *ḥḥ* indes auch in späterer Zeit noch öfters in der Bedeutung „Million“ in Zahlenreihen, dem *ḥfn* „100 000“ vorangehend, zu finden[5]). Meist aber wird das in Wahrheit längst entthronte Zahlwort nur noch als unbestimmter Ausdruck für große Mengen verwendet[6]). Es ist

[1]) Ältester Beleg: Pyr. 1390 a.

[2]) Tempelinschriften der Ptolemäerzeit passim.

[3]) Vgl. Sethe, Verbum I S. 262.

[4]) In der Tat schreiben die alten Pyramidentexte (Pyr. 2145 b), wie ptolemäische Texte, die ja oft Altes wieder hervorholen (Urk. II 3: „mein Herz suchte das Kostbare“), das Verbum *ḥḥ* „suchen“ mit dem Bilde des Gottes *Ḥḥ* wie unser Zahlwort.

[5]) s. Brugsch, Thesaurus II 199 ff.

[6]) Daß man später keine Ahnung von dem alten Zahlenwert des Wortes hatte, lehrt die bekannte Stelle Brugsch, Thes. II 195, wo der Gott der Zeitrechnung Thoth dem Könige Ptolemaios Euergetes I „eine Ewigkeit von *ḥntj*-Zeiträumen (s. u. II 3), eine Ewigkeit von 30 jährigen Jubiläen, „Millionen“ (*ḥḥ.w*) von Jahren, „Ringe“ (*šn.w*) von Monaten, Hunderttausende (*ḥfn.w*) von Tagen, Zehntausende von Stunden, Tausende von Minuten, Hunderte von Sekunden, Zehner von Terzen“ verspricht. Hier schiebt sich zwischen das alte Wort für „Million“ (*ḥḥ*) und das für 100 000 (*ḥfn*) ein Wort *šn* „Ring“ (geschrieben 𓍶) ein, das sonst als ein unbestimmtes Symbol unter den Zeichen für „Jahre“, „Hunderttausend“ (s. o. S. 2) u. ä. zu sitzen pflegt.

also in seine ursprüngliche Bedeutung zurückgefallen. Dabei wird es stets als Substantiv, sei es im Singularis, sei es im Pluralis, gebraucht; und der zu zählende oder vielmehr unzählbare Gegenstand wird ihm in Gestalt eines partitiven Ausdrucks zugefügt, z. B.

ḥḥ pn n rnp·wt „diese Million von Jahren“, Urk. IV 306.

ḥḥ n sp „eine Million von Malen“, d. i. „vielmals“ passim (seit dem alten Reich belegt)[1]).

ḥḥ·w nw rnp·wt „Millionen von Jahren“, Urk. IV 358.

ḥḥ m ḥb šd ꜥšꜣ wr·t „eine Million an sehr vielen Jubiläen“ (Singularis!) ib. 304 (alte Formel).

Im Koptischen ist ϩⲁϩ (*ḥăḥ*) ein ganz gewöhnliches Wort für „viel“ geworden, das, wie andere Adjektiva und wie die Zahlwörter, Substantiva im Genitiv zu sich nimmt:

ϩⲁϩ ⲛ̄-ⲣⲟⲙⲡⲉ „viele Jahre“. ϩⲁϩ ⲛ̄-ⲥⲟⲡ „vielmals“, „oft“.

100 000.

Ein ähnliches Schicksal hat auch das Wort für 100 000 gehabt. Es lautet *ḥfn* und wird mit dem Bilde der Kaulquappe  geschrieben, die ebenso hieß und vermutlich wegen der ungeheueren Zahl, dem Gewimmel, in dem sie aufzutreten pflegt, diesen Namen *ḥfn* „unzählig“ bekommen haben wird.

Zu dieser Benennung der Kaulquappe nach der „Unzahl“, und zu der Schreibung des selbst nicht darstellbaren Grundwortes „unzählig“ mit dem Bilde des nach ihm benannten Tieres haben wir eine schöne Parallele in dem Worte *ꜥšꜣ* „viel“, „häufig“, „gewöhnlich“, das wahrscheinlich mit dem semitischen Zahlwort *ꜥšr* „zehn“ (hebr. עשׂר) zusammenhängt[2]), vgl. *ꜥāšara* „häufig besuchen“, *ꜥišratun* „Gesellschaft“, *maꜥšarun* „Versammlung“. Dieses Wort *ꜥšꜣ* wird seinerseits mit dem Bilde der Eidechse geschrieben und bezeugt so, daß dieses Tier ebenso *ꜥšꜣ*, d. i. eben „viel“, „häufig“ geheißen haben muß.

Für *ḥfn* findet sich einmal in einem Eigennamen die Variante [3]), die statt des *n* die Konsonantenfolge *nr* zeigt. Sie bezeugt, daß der Schlußkonsonant des Stammes tatsächlich ein *l* war. Dieser Laut, für den die ägyptische Schrift kein besonderes Zeichen besaß, wurde in alter Zeit meist durch *n*, später durch *r*, zwischendurch auch durch die vermittelnde Schreibung *nr* bezeichnet[4]).

---

[1]) Quibell, Excav. at Saqqara 1907/8, S. 79.

[2]) Ember hat Ztschr. f. äg. Sprache 49, 88 den ägyptischen Wortstamm vielmehr mit dem hebr. עשׁר „reich sein“ zusammengestellt, was der Bedeutung nach ebensogut paßt, aber lautlich weniger befriedigend ist.

[3]) Berlin 1197, veröffentlicht Leps. Denkm. II 144 s. Äg. Inschriften des Berl. Mus. I 162.

[4]) Vgl. Sethe, Verbum I § 229 ff. Erman, Zur äg. Wortforschung (Sitz. Ber. Berl. Akad. Phil. hist. Kl. 1907, 412).

Dieser Wortstamm *ḥfl* liegt uns nun im Arabischen in der Tat noch in seiner allgemeinen Grundbedeutung, die wir oben für das ägyptische Zahlwort *ḥfn* (*ḥfl*) angenommen haben, vor: *ḥaflun* „Menge“, *ḥafala* „reichlich fließen“, *taḥāfala* „sich in großer Menge versammeln“.

Daß das äg. *ḥfn* (*ḥfl*) namentlich in pluralischer Form (*ḥfn·w*) zu allen Zeiten auch gern, seiner ursprünglichen Bedeutung entsprechend, als Ausdruck für ungeheuere Mengen gebraucht wird, versteht sich von selbst.

Auch *ḥfn* ist im Laufe der Zeit wieder aus der Reihe der Zahlworte ausgeschieden worden, indes viel später als *ḥḥ*. Im neuen Reich ist es in den hieratischen Texten des praktischen Lebens noch in vollem Gebrauch[1]), und selbst in den hieroglyphischen Inschriften der Ptolemäerzeit ist es noch als Zahlwort für 100 000 zu belegen (s. o. S. 9).

Im Demotischen ist *ḥfn* dagegen nicht mehr nachzuweisen, und im Koptischen ist es sicher seinerseits ebenso durch die nächst niedrigeren Zahlen ⲧⲃⲁ = 10 000 und ϣⲟ = 1000 verdrängt, wie es selbst einst die alte höhere Zahl *ḥḥ* „Million“ verdrängt hatte. Man sagt im Koptischen für 100 000 ϣⲉ ⲛ̄-ϣⲟ „hundert von Tausend(en)“, oder ⲙⲏⲧ ⲛ̄-ⲧⲃⲁ „zehn von Zehntausend(en)“, für 1 Million aber ϣⲟ ⲛ̄-ϣⲟ „tausend von Tausend(en)“ [2]) (Stern, Kopt. Gramm. § 279).

Die erste Spur für dieses Verschwinden des alten Zahlworts für 100 000 findet sich bereits in demselben großen Papyrus Harris, der in andern Teilen noch *ḥfn* gebrauchte. Dort liest man an einer Stelle (Harr. 7, 2): *10 n dbc* „10 von Zehntausend(en)“, dem eben zitierten kopt. ⲙⲏⲧ ⲛ̄-ⲧⲃⲁ genau entsprechend.

10 000.

Das Zahlwort für 10 000 *ḏbc*, später *dbc*, kopt. ⲧⲃⲁ, ist, wie schon seine Schreibung mit dem Bilde des Fingers ⟩ zeigt, eine Form des Wortes *ḏbc* „Finger“ kopt. ⲧⲏⲏⲃⲉ, das in dieser seiner Grundbedeutung dem ägyptischen und dem semitischen Sprachzweige gemeinsam ist (arab. *iṣbacun*). Das Wort erinnert an den oben S. 3 zitierten Ausspruch, der dem Perser Orontes zugeschrieben wurde, der kleinste Finger bezeichne sowohl 10 000 wie 1, und an die bekannte Zusammenstellung von δέκα mit δάκτυλος, *decem* mit *digitus* und *zehn* mit *Zehen*, die von der indogermanischen Sprachwissenschaft ja aber mit Zweifeln aufgenommen wird.

Die Zahlbezeichnung *ḏbc* = 10 000, die eigentlich die Zahl der Finger mal tausend bedeutete, setzt die Zahl 1000 als Einheit voraus, und weist deutlich darauf hin, daß diese Zahl, als die neue Bezeichnung aufkam, noch die höchste selbständige Zahlbezeichnung, die die Ägypter kannten,

---

[1]) z. B. im großen Papyrus Harris (Dyn. 20).

[2]) Vgl. arab. *ɔalfa ɔalfin* [Littmann].

gewesen sein muß. Da *ḏbꜥ* bereits auf einem Denkmal der ersten Dynastie vorkommt (20 000 zweimal auf dem oben S. 2 zitierten Denkmal des Königs *Nꜥr-mr*), so wird jener Zustand, in dem es die höheren Zahlen als 1000 noch nicht gab, voraussichtlich noch in die vorgeschichtliche Zeit zu schieben sein.

1000.

Als höchste Zahl findet sich *ḫꜣ* = 1000 (kopt. ϣо) auch in geschichtlicher Zeit noch oft ebenso verwendet, wie wir das Wort „tausend" gebrauchen. Man redet auch im Ägyptischen oft von „Tausenden", wo man nur unendlich viele meint. Als uraltes Residuum aus der Zeit, da *ḫꜣ* „1000" an der Spitze der Zahlworte stand, hat man es jedenfalls anzusehen, wenn in den altherkömmlichen Opferformeln dem Toten immer „Tausend an Brot, Tausend an Bier usw., Tausend an jedem guten Dinge" gewünscht werden. Dabei steht das Zahlwort fast immer in seiner Singularform; nur ganz vereinzelt kommt es vor, daß stattdessen auch einmal der Pluralis *ḫꜣ·w* „Tausende" geschrieben wird (Pyr. 745).

Ebenso werden, wenn es in einem sehr alten Spruche der Pyramidentexte heißt, dem toten Könige würden Tausende (*ḫꜣ·w*) geopfert und Hunderte ( ) dargebracht (Pyr. 408 b), damit gewiß die größten Zahlen genannt sein, die man zur Zeit seiner Abfassung kannte.

Sehr beliebt ist *ḫꜣ* „1000" als Ausdruck für die höchste Zahl, wo diese im Gegensatz zu „eins" steht:

„einer von ihnen (meinen Leuten) entwickelte die Kraft von 1000 Mann (*s 1000*)", Newberry, El Bersheh I pl. 14, 6 (Dyn. 12),

„einer bewältigt 1000 Mann (*s 1000*)", Urk. III 9 (Picanchi 13),

„Megiddo nehmen ist 1000 Städte (*dmj 1000*) nehmen", Urk. IV 660 (Dyn. 18).

„1000 für eins", Demot. Pap. Insinger 16, 11. 31, 7. [Spiegelberg.]

Das Zeichen, das die Ziffer 1000 bildet, das Bild einer Lotuspflanze, ist eines der gewöhnlichsten phonetischen Zweikonsonantenzeichen der ägyptischen Schrift, das die Konsonanten *ḫꜣ* bezeichnet. An einen innern Zusammenhang zwischen dem Zahlwort *ḫꜣ* „1000" und dem Worte für Lotuspflanze braucht man also nicht notwendig zu denken, wenn auch die Lotuspflanzen unter Umständen zu Tausenden in den Flußarmen, Kanälen, Tümpeln des Niltales gewachsen sein mögen, und eine Entstehung des Zahlworts aus dem Pflanzennamen oder umgekehrt nicht absolut unmöglich wäre.

Dürfte man auf die nicht seltenen Schreibungen für 1000 aus alter Zeit (z. B. Pyr. 1332 b. 1565 a) und für „Tausende" in guten Texten des mittleren Reiches (Bersche II 13, 10. Pap. Kahun 1, 6. 7) etwas geben, so würden sie aber durch den dem Zeichen für 1000 beigefügten Strich bezeugen, daß das Zahlwort allerdings wirklich einfach „Lotuspflanze“ bedeutete. Denn dieser Strich pflegt der Regel nach nur dann zu stehen, wenn das Zeichen, zu dem er gehört, ein Wortzeichen ist, das noch in seiner eigentlichen ideographischen Bedeutung (das, was es darstellt) gebraucht ist. Indessen finden sich bereits in den Pyramidentexten, freilich noch sehr vereinzelt, Beispiele einer mißbräuchlichen Setzung dieses Striches[1]). Ein zweifelloser Beweis ist also nicht daraus zu ziehen, immerhin aber ein Anzeichen, daß die Identifikation des Zahlwortes mit dem Worte „Lotuspflanze“ nicht ohne weiteres von der Hand zu weisen ist.

Eine Verwandtschaft nach anderer Richtung könnte für das Zahlwort *ḫꜣ* „1000“, das im Koptischen zu ϣⲟ (*šō*) geworden ist, wie eventuell auch für *ḫꜣ* „Lotuspflanze“, mit dem Wortstamme *ḫꜣj* „messen“ (Infinitiv *ḫꜣ·t* kopt. ϣⲓ *šī*; Nomen instrumenti *mḫꜣ·t* „Wage“ kopt. ⲙⲁϣⲉ) gesucht werden, zumal dieser Stamm in alter Zeit wie das Zahlwort 1000 nur mit dem Zeichen  (ohne phonetisches Komplement ꜣ, also wie im Wortzeichen) geschrieben zu werden pflegt. Man könnte in beiden Worten, dem Zahlwort und dem Worte „Lotuspflanze“ einen Imperativ „miß“ vermuten, mit der erwarteten Antwort „es ist unmöglich“, also ähnlich wie oben bei *ḥḥ* „Million“, falls es mit *ḥjḥj* „suchen“ zusammenhing.

In diesen Gedankengang würde sich schön die alte Benennung für das Sternenheer des Himmels[2]) fügen:  *ḫꜣ-bꜣ(·w)-ś*. Sie könnte ebensowohl bedeuten „miß ihre Seelen“[3]) wie „Tausend sind ihre Seelen“, beides in dem Sinne, daß die Sterne, die nach dem Glauben der Ägypter die Seelen der Verstorbenen (ursprünglich vielleicht nur der Könige) sein sollten, unzählbar sind.

100.

Das Zahlwort für 100, das mit dem Bilde eines Strickes  geschrieben wird und im Koptischen ϣⲉ (*šē*) lautet, war ursprünglich ein Femininum[4]), wie das semitische Wort *miʾatun*, mit dem es aber sonst keine Ähnlichkeit zeigt. Das weibliche Geschlecht des Wortes macht sich bis in das Ende des mittleren Reiches in der Konstruktion des Zahlwortes geltend (s. u. Abschn. 6).

---

[1]) Zu der Anwendung dieses Striches s. Ztschr. f. äg. Sprache 45, 44.

[2]) Dies, nicht den einzelnen Stern, bedeutet der Ausdruck ursprünglich, vgl. Pyr. 785 b. 1285 a. 1303 c. Brit. Mus. Egyptian stelae II 2 (Dyn. 12).

[3]) In dem Worte „Seelen“ ist der Pluralis der ältesten Sitte entsprechend unbezeichnet.

[4]) s. Ztschr. f. äg. Sprache 31, 112.

In den Zusammensetzungen, die im Koptischen die Vielfachen von Hundert ausdrücken, wie

ϥⲧⲟⲩ-ϣⲉ = 400, ϯⲟⲩ ⲛ̄-ϣⲉ = 500,
ⲯⲓⲥ ⲛ̄-ϣⲉ = 900, ϣⲉ-ⲥⲛⲁⲩ = 200,

erscheint das Zahlwort für 100 wie ein maskulinisches gezähltes Wort behandelt, während es da, wo es selbst mit einem gezählten Worte verbunden ist, einfach das Geschlecht desselben annimmt. So auch bereits im Neuägyptischen.

Für 200 besitzt das Koptische neben den aus der Zusammensetzung der Zahlworte 2 und 100 gebildeten Ausdrücken ϣⲉ ⲥⲛⲁⲩ „zwei Hundert(e)" und ⲥⲛⲁⲩ ⲛ̄-ϣⲉ „zwei von Hundert(en)" noch einen älteren Ausdruck, der auf den Dualis von ϣⲉ „100" zurückgeht, ϣⲏⲧ (*šēt*), entstanden aus **šētej* (ursprünglich vielleicht **šētaj*)[1]). Auch in den semitischen Sprachen ist ja 200 durch den Dualis von 100 ausgedrückt (arab. *miɔatāni*, *miɔataini*).

2. Die Zahlwörter von 1 bis 20 und ihr Verhältnis zu den semitischen Zahlwörtern.

Ebensowenig wie alle diese höheren Zahlen hat auch das ägyptische Wort für 10 *md·w* (ⲙⲏⲧ), fem. *md·t* (ⲙⲏⲧⲉ), das mit einem rätselhaften, in *mdw·t* „Tiefe" (ⲙ̄ⲧⲱ) mit demselben Lautwert auftretenden Zeichen ∩ geschrieben wird[2]), etwas mit dem entsprechenden semitischen Ausdruck *cšr* zu tun, dessen ägyptisches Äquivalent *cšꜣ* vielmehr ausschließlich die allgemeine Bedeutung „viel", „zahlreich" hat (s. o. S. 13). Diese Divergenz ist umso auffallender, als die Zahlworte für 6 bis 9 unverkennbare Verwandtschaft mit dem Semitischen zeigen, und es doch undenkbar ist, daß die gemeinsame Stammsprache beider Sprachzweige noch kein Wort für 10, die Grundzahl des Zahlensystems, gehabt haben sollte, als die Abzweigung des einen Sprachzweigs einsetzte.

Die ägyptischen Zahlwörter für 1 bis 9 liegen uns nach den neuesten Forschungen[3]) im Ägyptischen und Koptischen in den Formen vor, die in der umseitigen Tabelle verzeichnet sind[4]).

---

[1]) s. Ztschr. f. äg. Sprache 31, 112.

[2]) s. Ztschr. f. äg. Sprache 34, 90.

[3]) Sethe, Ztschr. f. äg. Sprache 47, 40/1. Hinsichtlich der Zahlen 5 und 6 sind seitdem neue Erkenntnisse gewonnen worden, die in der folgenden Tabelle berücksichtigt sind und unten näher begründet werden.

[4]) Von den koptischen Formen sind im allgemeinen nur die des sahidischen Dialekts aufgeführt. Die bohairischen unterscheiden sich davon meist nur durch gewisse, diesem Dialekt eigentümliche lautliche Veränderungen, die für die Beurteilung der Formen belanglos sind. Wo bohairische Formen aufgeführt sind, sind sie als solche gekennzeichnet.

	mask.	fem.	Zahlabstraktum (nur sahid. erhalten)	Zehnerzahl	Arabische Formen
1.	*wc(j)·w* ⲟⲩⲁ, älter ⲟⲩⲁⲉ (**wăcjew*)	*wc(j)·t* ⲟⲩⲉⲓ sah. : ⲟⲩⲓ boh. (**wcījet*)	*wcw·t* ⲟⲩⲉ		*wāḥidun*
2.	*śn·wj* ⲥⲛⲁⲩ (**śnūwej*)	*śn·tj* ⲥⲛ̄ⲧⲉ sah. : ⲥⲛⲟⲩϯ boh. (**śnūtej*)			*iṯnaini*
3.	*ẖmt(·w)* ϣⲟⲙⲛ̄ⲧ sah. : ϣⲟⲙⲧ boh. (**ẖŏmtew*)	*ẖmt·t* ϣⲟⲙⲧⲉ (**ẖŏmtet*)	[*ẖmt·t*] ϣⲟⲙⲧⲉ (**ẖŏmtet*)		*ṯalāṯun*
4.	*fd·w* ϥ̄ⲧⲟⲟⲩ (**ɔefdōw*)	*fd·t* ϥ̄ⲧⲟ (**ɔefdōt*)	*ỉfd·t* ⲁϥⲧⲉ (**ɔăfdet*)		*ɔarbacun*
5.	[*dw·w*] ϯⲟⲩ (**dīwew*)	*dw·t* ϯⲉ (**dīwet*)	*dw·t* ⲧⲏ (**dēwet*)	50 [*dw·jw*] ⲧⲁⲓⲟⲩ (**dăwjew,* **dăjjew*)	*ẖamsun*
6.	{ *śrś(·w)* { *śiś(·w)* ⲥⲟⲟⲩ (**śeɔśōw*)	{ *śrś·t* { *śiś·t* ⲥⲟ (**śeɔśōt*))	{ [*śrś·t*] { [*śiś·t*] ⲁⲥⲉ (**ɔăśśet*)	60 { [*śrś·jw*] { [*śiś·jw*] ⲥⲉ (**seɔsējew*)	*sittun* (aus **sidṯun*)
7.	*śfẖ(·w)* ⲥⲁϣϥ̄ (**śŏfẖew* resp. **śăfẖew*)	*śfẖ·t* ⲥⲁϣϥⲉ (**śŏfẖet*)	[*śfẖ·t*] ⲥⲁϣϥⲉ (**śŏfẖet*)	70 [*śfẖ·jw*] ϣϥⲉ (**śefẖējew*)	*sabcun*
8.	*ẖmn·w* ϣⲙⲟⲩⲛ (**ẖmūnew*)	*ẖmn·t* ϣⲙⲟⲩⲛⲉ (**ẖmūnet*)	*ẖmn·t* ϣⲙⲏⲛⲉ (**ẖmēnet*)	80 [*ẖmn·jw*] ϩⲙⲉⲛⲉ : ϧⲉⲙⲛⲉ (**ẖmĕnjew* od. **ẖemnējew*)	*tamānin*
9.	*pśḏ(·w)* ⲯⲓⲧ : ⲡⲥⲓⲧ (**pśīḏew*)	*pśḏ·t* ⲯⲓⲧⲉ (**pśīḏet*)	*pśḏ·t* ⲯⲓⲧⲉ (**pśīḏet*)	90 [*pśḏ·jw*] ⲡⲉⲥⲧⲁⲓⲟⲩ (**peśḏējew*)	*tiscun*

Die als Kardinalia gebräuchlichen Grundformen dieser Zahlworte hatten im Ägyptischen sämtlich in der mask. Form die Pluralendung *w*, die später meist abgefallen ist. Mit diesem Abfall geht parallel einher eine Wandlung in der Konstruktion der Zahlworte, die seit dem mittleren Reiche nicht mehr als Plurale, sondern als Singulare behandelt werden (s. Abschn. 6).

Die fem. Form endigte überall nur auf *t*, hatte also von vornherein singularische Form, und war vielleicht als Kollektiv gedacht. Auch diese Endung ist, wie es allgemein die Regel ist, abgefallen, hat aber oft noch in dem ihr vorhergehenden Hülfsvokal *ĕ* eine sichtbare Spur hinterlassen.

Die Zahlworte für 2 und 6 bis 9 haben offenbar nicht nur denselben Stamm wie die semitischen Zahlwörter, nur durch leichte und meist auch sonst belegte Lautverschiebungen gegeneinander verändert, sondern auch die Vokalisation zeigt zum Teil augenscheinliche Verwandtschaft, wenn man berücksichtigt, daß die ägyptischen *u*- oder *o*-Laute möglicherweise aus ursprünglichen *a*-Lauten hervorgegangen waren.

2.

Äg. *śn·wj* (**śnūwej*), fem. *śn·tj* (**śnūtej*), arab. *iṯnāni*, *iṯnaini*, hebr. *šᵉnajim*, fem. *štajim*, zeigt im Stamm (äg. *śn*, semit. *ṯn*, s. u. zur 6) wie in der Stellung des Vokals Übereinstimmung.

6.

Der Stamm der Zahl 6 lautet ägyptisch ursprünglich *śrś*[1]). Das *r* ist, wie so oft, schon sehr früh in *ỉ* (Aleph oder Jod) übergegangen (*śỉś*) und dann weggefallen. Durch Zusammenfall der beiden sich folgenden gleichen *s*-Laute ist der Stamm schließlich zu einem einkonsonantigen *ś* (= arab. *s*) reduziert worden.

Semitisch entspricht *sds* (in arab. *sādisun* „sechster“, *sudsun* „Sechstel“ erhalten), dessen *d* im Hebräischen (*šēš* „sechs“) ebenso verschwunden ist, wie das *r* im Ägyptischen. Zum Übergang von *d* in *r* vgl. Reinisch, Das Zahlwort vier und neun in den hamitisch-semitischen Sprachen (Sitz. Ber. Wien. Akad. Phil.-hist. Kl. 1890, Bd. 121), S. 8, wo er unter anderm *farig* „vier“ neben *fadig* belegt.

Die arabische Form *sittun* „sechs“ wird auf eine ältere Form des Stammes *sdṯ* (**sidṯun*, **sidtun*) gedeutet[2]), in der das semitische *ṯ* wiederum ägyptischem *ś* gegenübergestanden hätte, wie bei der Zahl 2.

---

[1]) Jéquier, Rec. de trav. 34, 121.

[2]) Caspari, Arab. Gramm.⁵ § 316.

Die Vokalisation ist hier bei dem Zahlwort 6 aber grundverschieden, da das Semitische einen *i*-Laut (arab. *sittun*, hebr. *šēš* aus **šidš*) zwischen den beiden ersten Konsonanten aufweist, das Ägyptische ein *ŏ* nach dem letzten Konsonanten.

7.

Dem ägyptischen Stamme *śfḫ* steht ein semit. *sbc* gegenüber. Äg. *ś* und semit. *s* sind identisch. Der Wechsel von äg. *f* mit semit. *b* und äg. *ḫ* mit semit. c (Ajin) ist durchaus selbstverständlich; zum letztern vgl. äg. *wśḫ* „weit sein" = arab. *wasica*.

Die Vokalisation (äg. *śăfḫ*, resp. *śŏfḫ?*, semit. *sabc*) stimmt überein.

8.

Der Wechsel von äg. *ḫ* und semit. *ṯ* (arab. *ṯamānin* „acht", Stamm *ṯmnj*) ist sonst nicht belegt, kann aber gegenüber der Übereinstimmung der Konsonantenfolge ***mn*** und der Vokalisation nicht zu Bedenken Anlaß geben. Vergegenwärtigt man sich, daß das äg. *ḫ* in der koptischen Form des Zahlwortes, wie meistens, als *š* (ϣ) erscheint, also ebenso wie das semit. *ṯ* im Hebräischen (*šemōnē* „acht"), so wird man auf die Vermutung geführt, daß ein diesem *š* nahestehender Laut das Ursprüngliche gewesen sei, und daß das äg. *ḫ* nur eine unvollkommene Wiedergabe desselben darstelle.

9.

Die Stämme (äg. *pśḏ*, semit. *tsc*) scheinen auf den ersten Anblick recht verschieden. Da der Wechsel von *p* und *t* aber in andern Sprachen ganz gewöhnlich ist (vgl. nur τέσσαρες und πίσυρες) und der Wechsel zwischen äg. *ḏ* (= semit. Ṣade) und semit. c auch sonst gut bezeugt ist (*nḏm* „süß" = *nacam*, *śḏm* „hören" = *samica*), so schrumpft die Verschiedenheit im Konsonantismus auf ein Nichts zusammen[1]. Die Vokalisation (äg. *pśīḏ*, semit. *tisc*) stimmt hinsichtlich des *i*-Lautes überein, nicht aber hinsichtlich seiner Stelle.

Ein noch unerklärter Zusammenhang scheint nach den Schreibungen der alten Pyramidentexte zwischen dem Zahlwort 9 (Pyr. 673 b. 1238 c)[2] und dem Wortstamme *pśḏ* zu bestehen, der vom Neuerscheinen der Sonne im Osten gebraucht wird (vgl. Pyr. 306 b. 888 a. 1694 a) und auch der Benennung des Neumondfestes (*pśḏ·tjw*, später *pśḏ-n-tjw*) zugrunde liegt. Dieser Zusammenhang ist bemerkenswert mit Rücksicht auf die Übereinstimmung, die in den indogermanischen Sprachen zwischen den Wortstämmen für „neun" und „neu" zu beobachten ist.

---

[1]) Der mit *ś* transskribierte ägyptische Laut entspricht ja genau dem semit. *s*.

[2]) Vgl. auch ib. 278 b und die später übliche Schreibung für *pśḏ·t* „Götterneunheit".

1.

Auch die 1 darf man wohl als verwandt ansprechen. Zwar zeigt die gemeinsemitische Form *ɔaḥad* (arab. *ɔaḥadun*, hebr. אחד *ɔͤḥād*) keine Ähnlichkeit mit dem äg. **wăçjew* ⲟⲩⲁ, aber die arabische Nebenform *wāḥidun* vermittelt offenbar zwischen beiden Elementen.

Im Gegensatz zu diesen Übereinstimmungen schienen die Zahlworte für 3 bis 5 bisher noch allen Vergleichungen zu widerstehen.

3.

Äg. *ḫmt* (kopt. *šmt*), semit. *ṯlṯ* (arab. *ṯalāṯun* „drei", hebr. *šᵉlōš*). Für die Gleichung äg. *ḫ* (kopt. *š*) = semit. *ṯ* (hebr. *š*) könnte man ja auf das völlig evidente *ḫmn* „acht" = *ṯmnj* verweisen, aber *m* mit *l*, *t* mit *ṯ* (hebr. *š*) zu identifizieren, fehlt mir vorläufig doch der Mut.

4.

Äg. *ifd* (d. i. *ɔfd*), semit. *rbc* (in *rubcun* „Viertel" *rābicun* „vierter") resp. *ɔrbc* (arab. *ɔarbacun* „vier", hebr. *ɔarbac*).

Die ägyptische Form dieses Zahlwortes hat Reinisch (a. a. O. S. 6 ff.) in verschiedenen hamitischen Sprachen wiedergefunden, und zwar in den folgenden 3 Formentypen:

aûda oder *óïda* in den Sidamasprachen,
afār oder *afūr* in den Somali- und Gallasprachen,
fáḍig, *fárig* oder *faráy* in den Begasprachen.

Sie lassen sich alle auf ebendén Stamm zurückführen, den das ägyptische Zahlwort aufweist, *ɔfd*[1]). Das Aleph zeigt sich dabei in den Begasprachen ebenso verflüchtigt wie in äg. ϥⲧⲟⲟⲩ, ϥⲧⲟ, die beide schon seit den ältesten Zeiten ohne Aleph geschrieben werden (*fd·w*, *fd·t*). Das *f* ist in den Sidamasprachen zu *w* oder *j* geworden (vgl. äg. *jtf*, *jtj* „Vater" ⲉⲓⲱⲧ). Das *d* ist vielfach in *r* übergegangen wie oben bei *śrś* „sechs", ein Übergang, den Reinisch auch sonst belegt hat. Endlich zeigt sich der Stamm in den Begasprachen um einen vierten Konsonanten *g* am Ende vermehrt. Vergegenwärtigt man sich nun, daß wir auch bei der 7 die Gleichung äg. *f* = semit. *b* antrafen, daß auch im Semitischen bei dem Zahlwort für 4 ein ähnliches Schwanken hinsichtlich des ersten Konsonanten Aleph besteht, und daß Metathesis von Konsonanten zwischen dem Ägyptischen und dem Semitischen etwas ganz Alltägliches ist, so wird die Vergleichung des äg. *ifd* (*ɔfd*) und seiner

---

[1]) Reinisch nahm bei seinen Vergleichungen einen Stamm *fdw* an. Wie ich Ztschr. f. äg. Sprache 47, 12. 14 gezeigt habe, ist das ein Irrtum. Das *w* ist die Endung der mask. Zahlwörter, und das *i* (Aleph), das dem Stamme in einigen Wortformen vorangeht, gehört mit zum Stamme.

hamitischen Brüder *ꜣwd* (*ꜣjd*), *ꜣfr*, *fḏg* oder *frg* (*frj*) mit dem semit. *ꜣrbʿ* oder *rbʿ* am Ende nicht mehr so ganz ausgeschlossen erscheinen. Es entspräche sich dann also:

äg.-ham.	*ỉ* (= Aleph) oder nichts	semit.	Aleph oder nichts
„	*f*	„	*b*
„	*d* oder *r*	„	*r*
„	*g* oder nichts	„	ʿ

5.

Das ägyptische Zahlwort zeigt einen Stamm, der mit *d* anfing und außerdem nur noch einen schwachen Konsonanten aufwies. Das semitische Wort hat den Stamm *ḫms* (arab. *ḫamsun* „fünf", hebr. *ḫāmēš*). Es besteht also kein Zusammenhang.

Bei dem ägyptischen Zahlwort ist es evident, daß es mit dem Wort für „Hand" zusammenhängt[1]), dessen Bild das Lautzeichen für *d* bildet. Da man diesen Lautwert von dem historischen Worte „Hand" *d·t* (ⲧⲟⲟⲧ⸗ mit Suffixen, ⲧⲉ- stat. constr.) ableitete, für den sich aus dem Koptischen und gewissen alten Varianten ein Lautbestand *dꜣ·t* zu ergeben schien, nahm ich seinerzeit für den Stamm unseres Zahlwortes als ursprüngliche Form ebenfalls *dꜣ* an, woraus sich denn auch seine koptischen Formen gut erklären ließen.

Inzwischen hat sich nun aber gezeigt, daß der Lautwert der Hieroglyphe *d* nicht auf jenes historische Wort für „Hand", das ursprünglich *ḏr·t* (mit *ḏ*) lautete und im Koptischen noch sein *r* im status absolutus bewahrt hat (ⲧⲱⲣⲉ), sondern auf ein in vorgeschichtlicher Zeit verlorenes älteres Wort für „Hand" zurückgehen muß, das dem semitischen Worte *jad* entsprach und dessen Stamm sich im Ägyptischen noch in einem (denominativen?) Verbum *dj*, *dw* (mask. Infinitiv), *wdj* „legen", „setzen", ursprünglich auch „geben", erhalten hat[2]).

Auf eben dieses ältere Wort für „Hand" muß nun auch das Zahlwort für 5 zurückgehen, da es von jeher mit einem *d*, und nicht mit einem *ḏ* geschrieben wird wie jenes jüngere Wort für „Hand" (*ḏr·t*, *dꜣ·t*) der historischen Zeit. Der Stamm wird daher *dw* (wie in dem angeführten maskulinischen Infinitiv *dw*) gewesen sein, also Umsetzung der Stammkonsonanten aufweisen. Das wird denn auch durch die Schreibungen des Zahlabstraktums „Fünfheit" (Ztschr. f. äg. Sprache 47, 11) bestätigt. Sie zeigen alle vor der Feminalendung ein *w*, in dem man (entgegen meiner einstigen Meinung, a. a. O. 14)

[1]) Wie in vielen andern Sprachen. So bedeutet z. B. in den malaiischen und polynesischen Sprachen *lima* „fünf" und „Hand".

[2]) Ztschr. f. äg. Sprache 50, 91.

nicht ein Element der Endung sehen darf, da keines der andern Zahlabstrakta ein solches vor dem *t* der Feminalendung aufweist, sondern das zum Stamme gehören muß. In der Tat lassen sich die koptischen Formen des Zahlwortes 5 aus einem Stamme *dw* um nichts schwerer erklären, als aus einem Stamme *dꜣ*[1]).

Wenn das ägyptische Zahlwort für 5 demnach von dem alten Worte für „Hand“ abgeleitet zu sein scheint, das die semitischen Sprachen noch heute verwenden, das die ägyptische Sprache selbst aber bereits früh verloren hatte, so ist anzunehmen, daß auch die semitischen Sprachen einst dasselbe Zahlwort gehabt haben, und daß sie es erst nach der Trennung der beiden Sprachzweige durch einen anderen Ausdruck *ḫams* ersetzt haben.

Damit würde sich die ganze Verschiedenheit zwischen den ägyptischen und den semitischen Zahlworten für die Einer im letzten Grunde auf den Unterschied der Worte für 3 reduzieren[2]).

10. 20.

Dazu tritt nun aber, wie eingangs bemerkt, seltsamerweise noch das Zahlwort 10, das doch die Grundlage des ganzen Zahlensystems bildet, und daher vor allen andern dem Ägyptischen und Semitischen gemeinsam sein sollte. Hier wird uns der Befund bei der 5 vielleicht eine Erklärung geben. Wenn die 5 nach der Hand benannt war, so ist anzunehmen, daß es auch die 10 gewesen sei, sei es, daß sie als „die beiden Hände“ oder, was wahrscheinlicher ist, als „die Finger“, wie das Zahlwort für 10 000, benannt war. Vielleicht besaß die gemeinsame Stammsprache einst ein solches Wort für die Zahl 10, das späterhin beide Sprachzweige aufgegeben

---

[1]) **dīwew* „fünf“ (mask.) mußte *dīw* (ϯⲟⲩ) ergeben wie **hrewrōwew* „ruhig sein“ zu ϩⲟⲩⲣⲱⲟⲩ, **ḏeḏṓf* „sein Kopf“ (aus *ḏeꜣḏṓꜣef*) zu ϫⲱϥ wurde (Verbum I § 59 ff. 161 a); **dīwet* „fünf“ (fem.) mußte *dīe* (ϯⲉ), *dī* (ϯ) werden, wie **muwet* „sterben“ zu ⲙⲟⲩ, **sōwer* „trinken“ zu ⲥⲱ, **šenḏṓwet* „Königschurz“ zu ϣⲛ̄ⲧⲱ wurde (Verbum I § 157 b. 171); desgl. **dēwet* „Fünfheit“ zu ⲧⲏ; auch **dawjew* „50“ mußte nach den Lautgesetzen **dajjew* (ⲧⲁⲓⲟⲩ) geben.

[2]) Erwähnt sei hier, daß mein Freund Dr. A. Ember, ohne von dieser meiner Untersuchung etwas zu wissen, die Vermutung aufgestellt hat, das semit. *ḫams* „fünf“ sei im Grunde mit dem äg. *ḫmt* „drei“ identisch. Wenn das richtig sein sollte, so gäbe es wohl nur zwei Möglichkeiten. Entweder das Wort *ḫmt* = *ḫams* war bei der Trennung der beiden Sprachzweige noch ein unbestimmter Vielheitsausdruck, den der eine Zweig dann für das eine, der andere für das andere absterbende Zahlwort einsetzte (das Ägyptische für *ṯalāṯ* „drei“, das Semitische für das von *jad* „Hand“ abgeleitete „fünf“), also analog dem Falle, der bei *ʿšꜣ* „zahlreich“ = *ʿšr* „zehn“ vorzuliegen schien. Oder aber es müßte *ḫmt* = *ḫams* damals schon die Zahl drei bezeichnet haben, wie später im Ägyptischen, und das Semitische müßte dann seinerseits nach der Trennung diese bestimmte Zahlbezeichnung auf eine andere Zahl, die 5, übertragen und bei der 3 durch eine neue Form ersetzt haben. Es kann wohl nicht zweifelhaft sein, daß die erstere Möglichkeit weit mehr innere Wahrscheinlichkeit besäße.

haben, gerade wie es bei der 5 das Semitische allein getan zu haben schien. Das Semitische würde dabei ein Wort, das ursprünglich allgemein die Vielheit bezeichnet hatte und in beiden Sprachen noch bezeichnet (sem. *cšr*, äg. *cšꜣ*), an seine Stelle gesetzt haben. Ein Punkt, der auf jeden Fall zu bezeugen scheint, daß die gemeinsame Stammsprache in ihrem Zahlensystem noch nicht über die Zehn hinausgegangen war. Dazu paßt auch der eigentümliche Befund für die Zahlworte 30 und 40, von dem unten (Abschn. 3) zu reden sein wird.

Eine Spur dieses verlorenen Urzahlwortes für 10 könnte man nun in dem Zahlworte für 20 vermuten, das im Kopt. ϫⲟⲩⲱⲧ : ϫⲱⲧ lautet[1]) und das Aussehen eines fem. Dualis hat[2]). Es könnte aus einer Form des Wortstammes *ḏbc* „Finger“ **ḏebcōtej* mit Übergang von *b* in *w* entstanden sein[3]). Der Singularis dazu, das mutmaßliche alte Zahlwort 10, würde dann etwa **ḏōbcet* geheißen haben können. Der Stamm *ḏbc* würde hier sein *ḏ* (hieroglyphisch, semit. *ṣ*) unversehrt als ϫ erhalten haben, während es in ⲧⲏⲏⲃⲉ „Finger“, ⲧⲃⲁ „Zehntausend“ und ⲧⲱⲱⲃⲉ „siegeln“ (semit. *ṭabac*), wie so oft, schon ziemlich frühzeitig in *d* (hierogl., seit dem mittleren Reiche auch für semitisches *ṭ* gebraucht) übergegangen war. Das wäre nicht anstößig und nicht ohne Parallelen[4]).

3. Spuren anderer Zählsysteme im Ägyptischen und die Zahlwörter von 30 bis 90.

Quinares? 5. 50. 80 = 50 + 30.

Wir haben soeben innerhalb des durchaus auf dezimaler Grundlage ruhenden ägyptischen Zahlensystems die Bezeichnung der 5 nach der „Hand“

---

[1]) Dieser Lautbestand wird bereits für das neue Reich bezeugt durch die Wortspiele des Papyrus Leiden J. 350 (Ztschr. f. äg. Sprache 42, 22).

[2]) Die übliche Unterscheidung zwischen ϫⲟⲩⲱⲧ als mask. und ϫⲟⲩⲱⲧⲉ als fem. Form für 20 ist gewiß erst sekundär und künstlich; vgl. dazu, was ich Ztschr. f. äg. Sprache 47, 12/3 (§ 23) für einen ähnlichen Fall dargelegt habe.

[3]) Vgl. Verbum I § 210, 1a.

[4]) So hat das Wort *nḏḥ·t* „Zahn“ (z. B. Urk. IV 724), alt *nḥḏ·t* (Urk. I 137), das bereits im mittleren Reich eine Nebenform *nḥd·t* mit *d* statt *ḏ* (Eb. 54, 3. 58, 21) besaß, im Koptischen doch noch in der Wortform ⲛⲁⲁϫⲉ sah. : ⲛⲁϫϩⲓ boh. sein *ḏ* als ϫ erhalten. Vgl. auch die verschiedene Erhaltung des Stammes *cnḫ* „leben“ in den koptischen Formen: ⲱⲛϩ, ⲟⲛϩ „leben“, ⲧⲁⲛϩⲟ „beleben“, Χαποχράτης (*cnḫ-pꜣ-ḥrd*) einerseits, ⲁⲛⲁϣ „Eid“, ϣⲉ- „so wahr lebt-“ („bei“ im Schwur), ⲥⲁⲁⲛϣ̄, ⲥⲁⲛⲟⲩϣ= „am Leben erhalten“, „ernähren“ andererseits. Ferner die verschiedene Erhaltung des Stammkonsonanten *r* in den Wortformen ϩⲟⲕⲣ̄ „hungrig sein“ einer-, ϩⲕⲟ „hungern“, ϩⲏⲕⲉ „Hungernder“, ϩⲁⲕ „nüchtern“ anderer-, ϩⲕⲁⲓⲧ „hungrig sein“ dritterseits, usw.

kennen gelernt, die man in vielen Sprachen findet, und die mitunter innerhalb des Dezimalsystems eine Art „quinares“ Zählsystem trägt[1]).

Eine Erscheinung, die man ferner als Anzeichen eines solchen quinaren Systems im Ägyptischen ansprechen könnte, ist die Tatsache, daß die Hieroglyphenschrift der griechisch-römischen Periode für die Zahl 5 ein besonderes Zeichen verwendet, den fünfzackigen Stern ★ (vgl. Horapollon, Hieroglyphica I 13), wie ja auch das römische und das ältere Ziffernsystem der Griechen (die herodianischen Ziffern) für diese Zahl besondere Zeichen besaßen (römisch V, griechisch Π = πέντε)[2]).

Ganz wie bei den Römern werden die Einer von 6 bis 9 dann durch Hinzufügung der passenden Zahl von Einerstrichen hinter diesem Stern bezeichnet: ★I = 6, ★II = 7, ★III = 8, ★IIII = 9.

Diese Verwendung des Sternzeichens ist indes eine ganz junge Erscheinung, die auf phonetischen Gründen beruht. Der stilisierte fünfzackige Stern hatte seit alters als Zeichen für den Wortstamm *dwꜣ* „Morgen“ („Morgenstern“, „am Morgen sein“, „das Morgengebet verrichten“) den Lautwert *dwꜣ*. Infolge Wegfalles des ꜣ in den verschiedenen Wortformen dieses Stammes war das Zeichen im Laufe der Zeit zu *dw* entwertet und wurde daher auf das gleichlautende Zahlwort *dw* (ϯⲟⲩ) übertragen. Das mochte denn wohl in den 5 Zacken des Sterns eine Unterstützung finden. Spielereien ähnlicher Art sind den hieroglyphischen Inschriften der griechisch-römischen Zeit, der der Gebrauch des ★ für 5 angehört, auch sonst nicht fremd. So schreibt man beispielsweise das Bild des Kopfes 𓁶 für 7, weil der Kopf 7 Löcher hat, die Sichel 𓌳 für 9, weil die Ziffer 9 im Hieratischen und Demotischen wie das Zeichen der Sichel aussieht, usw.[3]).

Eine andere Spur eines quinaren Zählsystems könnte man darin sehen, daß in der koptischen Übersetzung von Epiphanios' De gemmis der Ausdruck 80 Stadien (*octoginta milibus* der alten lateinischen Übersetzung) durch ⲧⲁⲓⲟⲩ ⲙⲁⲁⲃ ⲛ̄-ⲥⲧⲁⲇⲓⲟⲛ „fünfzig-dreißig Stadien“ wiedergegeben wird[4]), einen Additionsausdruck, der an das französische *soixante-dix* für 70 erinnert. Hier erscheint die Zahl 50 wie eine Grundzahl behandelt, von der man neu zu zählen beginnt, wie es im dezimalen System sonst erst bei 100 geschieht. Man kann als Symptom derselben Anschauung die unregelmäßige Bildung des Ausdrucks für 51 ⲧⲁⲓⲟⲩ ⲙⲛ̄-ⲟⲩⲁ „fünfzig und eins“ statt des normalen ⲧⲁⲓⲟⲩ-ⲟⲩⲉ „fünfzig (und) eins“ ansehen, die sich in einem andern alten koptischen Text, der „Pistis Sophia“, einmal findet. Sonst

---

1) Vgl. Pott, Die quinare und vigesimale Zählmethode (Halle 1847). Derselbe, Die Sprachverschiedenheit in Europa (Halle 1868).

2) Ebenso bei den Semiten, Lidzbarski, Handbuch der nordsemit. Epigraphik I S. 199.

3) Andere derartige Spielereien bei Brugsch, Ägyptologie S. 366/7.

4) Ztschr. f. äg. Sprache 47, 33.

ist aber nirgends eine Spur für eine solche Rolle der Zahl 50 im Ägyptischen oder Koptischen nachweisbar.

Unter diesen Umständen könnte man bei den obigen Ausdrücken an Einfluß von außen denken. Es könnte das lateinische Ziffernsystem mit seinem besonderen Zeichen L für 50 dafür verantwortlich gemacht werden. Ja, jenes seltsame „50 (+) 30“ könnte man geradezu als irrige Übertragung der Zahl LXXX einer lateinischen Handschrift ansprechen, wäre der koptische Text nicht aller Wahrscheinlichkeit nach aus dem, uns übrigens verlorenen, griechischen Urtext übersetzt zu denken [1]).

Jedenfalls enthält jene koptische Benennung der Zahl 80 etwas der lateinischen Ziffernschreibung ganz Paralleles.

Vigesimales? 80 = 4 · 20.

Neben dieser Umschreibung für 80 läßt sich im Koptischen noch eine andere nachweisen, die dem franz. *quatre-vingts* genau entspricht: ϥⲧⲟⲩϫⲟⲩⲱⲧ „vier-zwanzig“. Man pflegt den französischen Ausdruck als Residuum der alten, bei den Basken und Kelten üblichen Vigesimalzählung anzusehen, die auf der Zahl der Finger und der Zehen beruht, und sich bei vielen Völkern als Begleiter des nur von den Fingern ausgehenden Dezimalsystems nachweisen läßt.

In dem ägyptischen Falle kann von einer solchen Erklärung kaum die Rede sein, da die bewußte Umschreibung „vier-zwanzig“ für 80 erst im Koptischen [2]), also, nachdem die Sprache eine mehr denn 4 Jahrtausende umfassende Geschichte auf demselben Boden durchlebt hat, plötzlich, ohne jeden Vorläufer in der älteren Sprache, aus dem Boden hervorschießt. Auch hier wird man wie bei der oben besprochenen andern Umschreibung für dieselbe Zahl („fünfzig dreißig“) eher an Nachahmung eines fremden Vorbildes oder aber an etwas durch die Natur Gegebenes, das sich selbstverständlich ohne weiteres einstellte, denken.

Nimmt man die beiden koptischen Umschreibungen für 80 zusammen, so ist daraus vielleicht nur das eine zu erschließen: eine gewisse Abneigung gegen die Zahl 80 resp. gegen die hohen Zehnerzahlen überhaupt, wie sie sich auch im Französischen äußern dürfte, wo ja nicht nur 80, sondern auch 70 durch *soixante-dix* und 90 durch *quatre-vingt-dix* umschrieben werden.

---

[1]) An die Wiedergabe einer griechischen Ziffer 𐅄ΔΔΔ zu denken, wie mir Wackernagel vorschlug, verbietet wohl die Zeit des Epiphanios, zu der man diese alten Ziffern längst nicht mehr anwendete.

[2]) Belegt nur in dem dem 3. Jahrhundert nach Chr. angehörenden gnostischen Buche Pistis Sophia.

Duodezimales.

Das Duodezimalsystem, das wegen seiner besseren Teilbarkeit dem Dezimalsystem gegenüber als Ideal des Rechners gilt, findet sich bei den Ägyptern nur in der Zeitmessung in eben den Fällen, wo es sich auch heute noch bei uns findet, und wo man es auf Babylonien zurückzuführen pflegt, in der Einteilung des Jahres und des Tages.

Die Einteilung des Jahres in 12 Monate, äg. *jbd* (ⲉⲃⲟⲧ), mit dem Bilde des Mondes geschrieben, und die damit zusammenhängende Einteilung des Fixsternhimmels in 36 Dekane (statt der 12 Tierkreiszeichen der Babylonier) war, wenn man einmal Mond- und Sonnenumlaufszeiten miteinander verbinden wollte, gegeben und könnte daher an sich auch unabhängig voneinander an verschiedenen Stellen der Welt gefunden worden sein.

Die Bemessung des Monats auf 30 Tage, statt der Beibehaltung der etwas kürzeren Mondumlaufszeiten (Mondmonate), enthält aber bereits wieder eine Konzession an das Dezimalsystem, das nun eben einmal Sprache und Denken beherrschte. Und wenn der Ägypter den Monat dann in 3 Dekaden einteilt, denen eben die 36 Dekane entsprechen, statt in 7tägige Wochen, wie es der Babylonier tat, so bedeutet das eine offenkundige und runde Absage an das „Duodezimalsystem".

Für die Einteilung des Tages und der Nacht in je 12 Stunden, die wir in Ägypten gleichfalls finden[1]), läßt sich keine natürliche Ursache erkennen, es sei denn, daß damit eine Nachbildung der Jahreseinteilung beabsichtigt war. Sie wird man daher, wo sie auch auftritt, mit großer Wahrscheinlichkeit auf eine gemeinsame Ursprungstelle zurückzuführen haben. Und da spricht in der Tat vieles für Babylonien, das Land, in dem ja auch das der Unterteilung der Stunden zugrunde liegende Sexagesimalsystem so stark ausgebildet war.

Sexagesimales?

Über die Einteilung der Stunden in Ägypten wissen wir nichts, als die Ausdrücke, die der Minute (*ꜣ·t*, ein altes Wort für „Augenblick"), Sekunde (*ḥꜣ·t* desgl.), Terze (*ꜥn·t*), entsprechen sollen. Sie begegnen uns mehrmals in Inschriften der Ptolemäerzeit[2]), ohne daß dabei angegeben würde, wieviele von jeder dieser kleinsten Zeitteile auf den nächst höheren gingen.

Anderweitige Spuren eines alten Sexagesimalsystems könnte man in Ägypten in einigen anderen Fällen zu finden glauben, die indes alle unsicher genug sind.

[1]) Die ägyptischen Stunden sind nicht von gleicher und konstanter Länge, sondern nehmen mit den Jahreszeiten zu und ab, da die Ägypter den Tag und die Nacht jedes für sich in 12 Stunden teilten (Mitteilung von Borchardt).

[2]) Brugsch, Thesaurus II 195. 199.

Das Ägyptische besitzt einen alten Ausdruck, anscheinend dualischer Form, *ḥn·tj* „die beiden Zeiten“, „die beiden Fristen“ [1]), der später wenigstens mit dem zweimal gesetzten Zeichen des Weges [2]) determiniert wird. Es ist allgemeine Annahme, daß damit ein Zeitraum von 120 Jahren bezeichnet werde. Bestätigte sich das, so hätten wir in der einzelnen *ḥn·t* ein Gegenstück zu dem babylonischen Zeitmaß σῶσσος von 60 Jahren.

Die Ansetzung der *ḥn·tj* = 120 Jahre beruht indessen lediglich auf einer irrtümlichen Lesung und Ergänzung einer Stelle des Turiner Königspapyrus [3]), in der Hincks die Gleichung 19 *ḥn·tj* = 22[80] Jahre finden wollte [4]). In Wahrheit steht dort weder von *ḥn·tj* noch von einer Gleichung etwas da.

Wo uns das Wort begegnet, steht es stets in der unbestimmten Bedeutung „lange Zeit“; so deutlich in den folgenden Beispielen:

König Tahraḳa ward von seiner Mutter getrennt, als er 20 Jahre alt war; nach *ḥn·tj* von Jahren kam sie nach Unterägypten, um ihn wiederzusehen, Rougé, Inscr. hiérogl. 73.

Ein König tut etwas kund den kommenden Geschlechtern für *ḥn·tj*, Urk. IV 364, d. i. für die Ewigkeit, wie derselbe Ausdruck in dem demotischen Texte des bilinguen Papyrus Rhind geradezu übersetzt wird [5]).

Eine Königin ist reicher an Denkmälern „als ihre Väter, die Könige von *ḥn·tj*, seit der Zeit der Götter“, Urk. IV 369.

Ein Bauwerk ist ausgeführt „in Arbeit von *ḥn·tj* der Ewigkeit“, d. h. von ewiger Dauerhaftigkeit; man redet von den *ḥn·tj* eines Gegenstandes, um seine Dauer auszudrücken, Brugsch, Thes. III 206/7.

In der dreisprachigen Inschrift von Rosette sind die Worte „an diesem Tage (und) bis zu *ḥn·tj* von Jahren“ durch νῦν τε καὶ εἰς τὸν ἔπειτα χρόνον wiedergegeben. Ros. griech. 44 (= Philensis I 11. Nobaireh 27).

Diese unbestimmte allgemeine Bedeutung hat das Wort auch schon an den ältesten Stellen, an denen wir es nachweisen können, und dort ist es überdies noch garnicht wie ein Dualis geschrieben:

„der die *ḥn·tj* (mit einmal gesetztem Zeichen der Buchrolle) im Auge hat“ von einem weisen Manne gesagt, Leps. Denkm. II 118d (Anfang der Dyn. 12).

---

[1]) Im Singularis liegt das Wort *ḥn·t* Urk. I 125 (zugleich der älteste Beleg dafür) vor, wo es von einer Reise heißt, sie sei ausgeführt worden *m ḥn·t jbd 8* „in der Zeit (oder Frist) von (nur) 8 Monaten“. Dort ist das Wort mit der Buchrolle, dem Deutzeichen alles dessen, was mit Schreiben oder Rechnen zu tun hat, geschrieben.

[2]) Eben dieses Zeichen, aber nur einmal gesetzt, determiniert später auch die Worte *ꜥk* und *hꜣw*, die beide die „Zeit“ jemandes (*aetas*) bezeichnen. Das Zeichen dient sonst auch als Deutzeichen für die Ferne.

[3]) Wilkinson, The hieratic papyrus of Turin p. 55, vgl. Brugsch, Thes. II 208.

[4]) Die richtige Lesung der Stelle gab Möller bei Ed. Meyer, Äg. Chronologie S. 118.

[5]) Möller, Die beiden Totenpapyrus Rhind, Glossar Nr. 373.

„Die Götter geben dir die Ewigkeit (*nḥḥ*) ohne ihre Grenze, das Immerdar (*ḏ·t*) ohne sein *ḥn·tj* (mit einmal gesetztem Zeichen des Weges)", Sinuhe B. 212.

Mit diesem *ḥn·tj*, dem man also ohne jeden guten Grund die Bedeutung von 2 mal 60 Jahren zuschrieb, hat man in ägyptologischen Kreisen auch das sogen. *ḥb-šd* „*šd*-Fest" zusammenbringen wollen, ein Jubiläum, das der ägyptische König nach Ablauf von 30 Jahren seit seiner Berufung zur Thronfolge zu feiern pflegt, und das in der dreisprachigen Inschrift von Rosette durch τριακονταετηρίς wiedergegeben ist. Es könnte eine halbe *ḥn·t* darstellen sollen, falls diese wirklich 60 Jahre umfaßte.

Auf sexagesimaler Grundlage könnte das Wegemaß der Ägypter, die ägyptische Meile (äg. *jtr·w* „Flußlauf", griech. σχοῖνος)[1]) beruht haben, die nach dem Zeugnis des Artemidoros in den verschiedenen Teilen Ägyptens zu 30, 40, 60, 120 Stadien gerechnet worden sein soll[2]). Das könnte unter Umständen 1/2, 2/3, 1 und 2 eines Grundmaßes von 60 Stadien sein, wie Herodot den Schoinos in Ägypten durchgehend bewertet.

Die Zehner von 30 bis 90.

In entsprechender Weise könnte man die befremdende Tatsache zu erklären suchen, daß das Ägyptische für die Zahlen 30 und 40 Zahlwörter verwendet, die etymologisch nichts mit den Zahlworten für 3 und 4 zu tun haben, während die Zehner von 50 bis 90 von den entsprechenden Einerzahlen 5 bis 9 abgeleitet sind, wie in den indogermanischen und semitischen Sprachen.

30: *mcbꜣ*, phonetisch geschrieben Pyr. 1212 a, kopt. ⲙⲁⲁⲃ; offenbar eine mit dem Präfix *m* gebildete Nominalform des Stammes *cbꜣ*, der u. A. „dienen" bedeutet. Dagegen lautet der Stamm von 3: *ḫmt* (ϣⲟⲙⲧ).

40: *ḥm*, so im neuen Reich durch Wortspiele bezeugt[3]); der genaue ursprüngliche Lautbestand, der zum Mindesten noch einen, wenn nicht zwei Konsonanten hinter dem *m* aufweisen mußte, ist unbekannt; kopt. ϩⲙⲉ (sahid. und boh.). Dagegen lautet der Stamm von 4: *ifd* (ϥⲧⲟⲟⲩ).

Man könnte diese beiden Zahlworte als Bruchbezeichnungen 1/2 und 2/3 einer Grundzahl 60 deuten, doch bietet dafür die Sprache keinen Anhalt. 1/2 und 2/3 hatten ganz andere Namen.

---

1) Vielleicht ursprünglich die Strecke, die man in einer bestimmten Frist ein Schiff treideln kann?

2) Es ist klar, daß das Stadion hier ebenso ein entsprechendes ägyptisches Längenmaß vertreten muß, wie der Ausdruck Schoinos selbst.

3) Pap. Leiden J. 350 (Ztschr. f. äg. Sprache 42, 24/5) aus Dyn. 19. Dort wird auf die Zahl 40 zweimal mit dem Worte *ḥm·w* „kunstfertig", „geschickt" angespielt.

Ebensogut könnte man ja aber auch daran denken, sie aus einem Vigesimalsystem zu erklären, 30 als anderthalb und 40 als das Doppelte von 20. Doch läßt sich auch das ebensowenig aus der Sprache stützen.

Beiden Erklärungsweisen würde überdies das Bedenken im Wege stehen, daß man sich schwer vorstellen könnte, wie die Sprache zwischen den Ausdrücken 1/2, 2/3 resp. 1 1/2 und das Doppelte in ihrer eigentlichen Bedeutung (auf die Einheit Eins bezogen) und in ihrer übertragenen Bedeutung 30, 40 (auf die Einheit 60 oder 20 bezogen) unterschieden haben sollte.

Im Semitischen haben die Zahlworte für 30 und 40 dieselbe Bildung wie die für 50 bis 90, d. h. es sind Pluralformen, die von den entsprechenden Einerzahlen abgeleitet sind:

30 = arab. *ṯalāṯūna*, hebr. *šᵉlōšīm*, von *ṯalāṯun*, *šᵉlōš* „drei“.

40 = arab. *ɔarbacūna*, hebr. *ɔarbācīm*, von *ɔarbacun*, *ɔarbac* „vier“.

Eine ganz entsprechende Bildung zeigen im Ägyptischen nur die Zahlworte 50 bis 90, doch haben sie vor der mask. Pluralendung *w* noch ein *j* eingeschoben, sodaß sie nicht als Plurale der Einerzahlen selbst erscheinen, sondern wie Plurale von Nisbe-Adjektiven der Einerzahlen aussehen, siehe die Zusammenstellung oben S. 18. Die Erklärung der Formen habe ich Ztschr. f. äg. Sprache 47, 25 ff. begründet.

**peśḏējew* (ⲡ̄ⲥⲧⲁⲓⲟⲩ sah.: ⲡⲓⲥⲧⲉⲟⲩⲓ boh.) = 90, um nur ein Beispiel anzuführen, sieht aus, als ob es „die zur 9 gehörigen“ bedeutete. Es ist ernstlich in Erwägung zu ziehen, ob nicht die semitischen Formen, die wie Plurale der Einerzahlen selbst aussehen, aus ebenso gebildeten Formen zu erklären sind; ob arab. *tiscūna*, *tiscīna*, hebr. *tišcīm* nicht aus *tiscijūna tiscijīna*, resp. *tišcijīm* entstanden zu denken sind. Lautlich erscheint das durchaus möglich. In der Tat ist nicht zu verkennen, daß erst so in die Benennungen für die Zehner ein vernünftiger Sinn hineinkäme. Den Pluralis von 9 für 90 zu gebrauchen, erscheint keineswegs natürlich.

Man wird aus der abweichenden Benennung der Zahlen 30 und 40 im Ägyptischen jedenfalls wohl das eine schließen dürfen, daß sie einer älteren Stufe der Sprachentwicklung angehören werden, als die Ausdrücke für 50 bis 90. Sie werden voraussichtlich aus einer Zeit stammen, als das Ägyptische nach seiner Abzweigung vom Semitischen die ersten schüchternen Vorstöße zur Bildung höherer Zahlenausdrücke über die Zehnzahl hinaus machte, und mögen eine nach der anderen entstanden sein. Die 50 bis 90 werden dann später auf einen Schub gefolgt sein; ebenso im Semitischen die 30 bis 90.

4. Runde oder heilige Zahlen.

Die Frage nach den Spuren verschiedener Zahlensysteme bei den Ägyptern berührt sich eng mit der nach runden oder heiligen Zahlen. Man kann die 30 Jahre des Königsjubiläums auch als eine solche runde Zahl ansprechen und umgekehrt Fälle, wo Zahlen wie 5, 10, 12 als runde Zahlen vorzuliegen scheinen, als Symptome eines auf diese Zahlen gegründeten Zahlensystems auffassen. Im allgemeinen wird man als heilige oder runde Zahlen nur solche ansehen können, wo die Wahl der betreffenden Zahl eine willkürliche zu sein scheint, also beispielsweise bei der Einteilung des Tages in 12 und der Stunde in 60 Teile, nicht aber solche Fälle, wo ein innerer Grund dafür vorhanden war, wie beispielsweise bei der Zahl der Monate (Ausgleichung zwischen Sonnen- und Mondumlaufszeit) und der Einteilung des Monats in Dekaden (Rücksicht auf das Dezimalsystem).

Vielfach besteht aber auch wieder zwischen beiden Arten von Fällen ein Zusammenhang, insofern eine Zahl eben deswegen als runde Zahl beliebt zu sein scheint, weil sie in der Natur öfters vorkam. Das ist z. B. klar bei der Zahl, die in der ältern religiösen Literatur besonders häufig als runde Zahl begegnet und auch sonst so beliebt dafür ist, daß man sie geradezu als die heilige Zahl der Ägypter in älterer Zeit bezeichnen könnte, der Vier.

4.

Die hervorragende Rolle dieser Zahl ist in unsern Raumvorstellungen begründet. Die 4 Himmelsrichtungen (Ecken der Welt, Stützen des Himmels, die 4 Seiten), die 4 Winde, die 4 Rassen, in die die Menschheit zerfallen soll[1]), resp. die 4 Barbarenvölker, die die Nachbarn der Ägypter sein sollen[2]), die 4 Füße der Tiere und der Möbel, die 4 Gesichter, die gewisse Götter oder Dämonen[3]), oder die 4 Hörner, die gewisse geisterhafte Tiere, für jede Himmelsrichtung eines, haben sollen[4]), sind ganz direkt mit dieser Vorstellung verknüpft[5]). Man wird in diesen Fällen noch nicht von einer heiligen Zahl reden, wenngleich die zuletzt genannten schon stark auf dem Wege dazu zu sein scheinen.

Wir begegnen dann aber in den Pyramidentexten auch sonst unendlich oft „4 Göttern", zu denen der Tote gehören oder mit denen er etwas

---

[1]) Siehe meine Bemerkungen bei Borchardt, Grabdenkmal des Königs Saḥu-rec II S. 73.

[2]) Leps. Denkm. II 136 a, 8; ib. 122 = Benihassan II 8, 7 (beides aus dem m. R.) v. Bergmann, Hierogl. Inschriften S. 50/1.

[3]) z. B. Pyr. 1207 b. Pap. mag. Harr. 6, 9, Urk. II 33 (Mendesstele).

[4]) Pyr. 470 a.

[5]) Vgl. auch Pyr. 464 b, wo dem Toten 4 Flöße von den Göttern des Südens, Nordens, Ostens, Westens zur Überfahrt über den Himmel gestellt werden.

zu tun haben soll, „4 Göttinnen“, „4 Geistern“ usw., ohne daß dabei von den 4 Himmelsrichtungen die Rede wäre. „4 Horuskinder“ gibt es, denen die 4 Eingeweidekrüge („Kanopen“) unterstehen. „4 Schakale“ sind es, die das Sonnenschiff ziehen sollen. Ein göttliches Wesen soll von 4 Ammen gesäugt worden sein[1]. 4 Wege hat der Tote zu gehen[2]. 4 Schnüre hat selbstverständlich die Sandale des Osiris[3]. Zur Reinigung des seligen Toten mit dem Wasser des heiligen Sees gehören 4 Krüge[4], und 4 Hände voll Wasser zur Libation[5]. 4 mal einen Spruch zu rezitieren (*ḏd mdw sp 4*), 4 mal den Umgang zu machen (*pḫr ḥꜣ sp 4*) und 4 mal den Gott zu preisen (*dwꜣ nṯr sp 4*)[6] sind immer wiederkehrende Regeln für Zauberbrauch, Gottesdienst und Totenkult. 4 Tage dauert die Zeremonie der „Mundöffnung“, die einen Hauptpunkt in der Leichenfeier bildet[7].

4 Monate hat im Märchen der Schiffbrüchige auf der Insel des Meeres auszuharren[8], bis ihn ein Schiff abholt. 4 Tage lang hat in der Regel der Kranke sein Heilmittel anzuwenden, um gesund zu werden[9]. 4 Knoten hat man in die Haarflechte zu machen, die als Amulett an den Hals des Kindes gehängt werden soll[10].

Daß zu jeder der 3 Jahreszeiten des ägyptischen Kalenderjahres 4 Monate gehören, kann in der Natur der Dinge begründet sein, und mit eben dieser Einteilung wird es zusammenhängen, daß es seit alters 4 Phylen für den Priesterdienst, jede für einen Monat, gab, ganz wie bei den Griechen.

In den späteren Zeiten der ägyptischen Geschichte scheint die Zahl 4 als heilige Zahl mehr und mehr hinter der 7 zurückzutreten. Dennoch finden sich auch in dem demotischen magischen Papyrus von Leiden und London aus dem 3. nachchristlichen Jahrhundert, dem jüngsten Schriftwerke des heidnischen Ägyptertums in ägyptischer Schrift und Sprache, das wir besitzen, noch gelegentlich Beispiele für den Gebrauch der Zahl 4 als heiliger Zahl, die gegenüber der Häufigkeit der 7 und auch der 9 aber in verschwindender Minderheit sind. So soll man 4 Tage lang etwas tun[11],

---

[1]) Pyr. 252 c.

[2]) Pyr. 1355 a.

[3]) Pyr. 443 b.

[4]) Pyr. 1116 b. 1140 a. 1164 b. 1180 c. 1293 b. 1365 a.

[5]) Pyr. 124.

[6]) Hierzu verweist Spiegelberg auf Porphyrius de abstin. IV 8, wonach die ägyptischen Priester viermal des Tages die Götter in Hymnen priesen.

[7]) Urk. II 40 (Mendesstele). Vgl. Plut. Is. et Osir. 39.

[8]) Pap. St. Petersburg 1115, 118.

[9]) Pap. Ebers passim. — Spiegelberg verweist dazu auf Aristoteles Politeia III 15, 4 (1286 a).

[10]) Erman, Zaubersprüche für Mutter und Kind 9, 7; ähnlich ebenda Rs. 2, 1.

[11]) Demot. Mag. Pap. 21, 14. 25, 30. Verso 4, 4.

4 Ziegel zu einem Zauber nehmen[1]) oder 4 mal bei einer Zauberhandlung schreien[2]). Ein gewisser Zauber wirkt, wenn er 4 Tage lang angewendet wird, einschläfernd auf das Opfer, wenn 7 Tage, aber tötend[3]).

8.

Mit der Heiligkeit der Vierzahl hängt auch die der Acht eng zusammen. Wo wir der letzteren begegnen, steht sie fast immer im Parallelismus zur 4, z. B. 8 Nächte und 4 Tage[4]), Achttagefrist und Viertagefrist[5]), 8 Krüge zur Reinigung, wo sonst gewöhnlich 4 genannt werden[6]). Auch die berühmten 8 Ur- oder Elementargötter, zu denen der oben S. 12 genannte Gott *Ḥḥ* gehörte, und nach denen die Stadt Hermopolis in Mittelägypten *Ḫmūnu* (kopt. *Šmūn*) d. i. „die Acht" hieß, sind nichts als 4 Paare von Mann und Weib, die gleiche Namen tragen (Amun und Amaunet, Kuk und Kauket, Nun und Naunet, Ḥaḥ und *Ḥḥ·t*).

16.

Ebenso hat von der 4 her die Zahl 16 ihre Heiligkeit erhalten, weil sie 4 mal 4 ist. So erklären sich augenscheinlich die 16 Zeugen, die die demotischen Rechtsurkunden zu unterzeichnen pflegen, auf diese Weise. Ebenso die 16 Netbew-Gottheiten und die 16 Giganten, von denen späte Zaubertexte reden[7]), und die nicht näher bezeichneten „16", deren Fürstin eine lokale Form der Hathor in späten Texten genannt wird[8]). Vielleicht auch die 16 Ellen des Nils und die 16 Stücke, in die der Leichnam des Osiris zerstückelt worden sein soll. 16 mal soll eine religiöse Litanei gesprochen werden[9]) und viermal vier Fäden soll man zu einem gewissen Amulett nehmen[10]). — Es ist bemerkenswert, daß alle diese Beispiele der Zahl 16 der griechisch-römischen Periode angehören.

7.

Nächst der 4 ist die 7 als heilige Zahl am beliebtesten[11]); ja späterhin scheint sie die 4 sogar in den Schatten zu stellen. Es gibt 7 Kühe und 1 Stier in der Unterwelt, denen der Tote zu begegnen

[1]) Demot. Mag. Pap. 4, 4.

[2]) ib. 6, 10; vgl. 29, 18.

[3]) ib. 23, 6/7.

[4]) Pyr. 1284 b.

[5]) Pyr. 746 b. c. 1978 c. d.

[6]) Pyr. 2012 c.

[7]) s. Griffith-Thompson, Demotic magical papyrus of Leiden and London, Text S. 204

[8]) Brugsch, Dict. géogr. 1067. 1391. Proc. Soc. bibl. arch. 23, 273. Kufi 22, 29. Pap. Bremner 20, 13 (Budge, Eg. Hieratic papyri of the Brit. Mus.). [Spiegelberg.]

[9]) Pap. Bremner 21, 5 [Spiegelberg].

[10]) Demot. Mag. Pap. 3, 33.

[11]) Vgl. Griffith-Thompson, Demot. Mag. pap. Text S. 78. Heyes, Bibel und Ägypten S. 212 (Hinweise von Spiegelberg).

hat[1]). Zu 7 Göttern oder 7 Schlangen soll er gehören[2]). 7 Skorpione sollen es gewesen sein, die die Isis auf ihrer Irrfahrt im Delta begleiteten[3]). 7 Hathoren oder Feen kommen im Märchen, um dem Neugeborenen das Schicksal zu verkünden[4]). 7 Götter sollen nach einem Zauberspruch die Gründer der Erde sein[5]). 7 heilige Öle oder Salben gibt es.

In der Medizin hat man sich z. B. bei einem gewissen Schnupfenzauber siebenmal auszuschnäuzen[6]), aus einem Medikament 7 Pillen zu drehen[7]) oder 7 Steine zu einer gewissen Heilkur zu nehmen[8]).

In der Magie sind 7 Knoten in ein gewisses Amulett zu machen[9]) und ein Zauberspruch ist über 7 Kugeln aus Stein, 7 aus Gold und 7 Leinenfäden zu sprechen, woraus dann ein Amulett mit wiederum 7 Knoten gemacht wird[10]). 7 Ellen soll ein göttlicher Affe messen, von dem ein Zauberspruch handelt[11]), und ebensolang soll das Getreide im Gefilde der Seligen wachsen[12]). Eine Wassertiefe von 7 Ellen scheint geradezu sprichwörtlich gewesen zu sein[13]). 7 Zoll soll das Zauberkrokodil aus Wachs lang sein, das sich der Prinz in der Märchengeschichte anfertigt, um den Liebhaber seiner Frau zu bestrafen[14]); es wird, als es hinter dem badenden Liebhaber ins Wasser geworfen wird, zu einem wirklichen Krokodil von 7 Ellen Länge[15]) und schleppt den Ehebrecher auf den Grund des Teiches, um ihn dort 7 Tage festzuhalten[16]). 7 Tore oder Abteilungen soll die Unterwelt haben[17]), wenn nicht 14 oder 21 (s. u.). Wie „die 7 großen Schlösser" (oder Festungen) verschlossen werden, so sollen nach der Behauptung eines Zauberspruches die Mäuler gewisser Wesen, die Gefahr drohen, verschlossen werden[18]).

---

[1]) Totb. Kap. 148.

[2]) Pyr. 511. Ḥar-ḥotep 416. Auch Totb. 83, 2 (Lepsius) nennt 7 Schlangen, wie das alte Kapitel Totb. 17 bereits 7 Geister.

[3]) Metternichstele 50 = Ztschr. f. äg. Sprache 17, 1 ff.

[4]) Orb. 9, 8; vgl. Leps. Denkm. IV 63 c.

[5]) Erman, Zaubersprüche für Mutter und Kind, Rs. 4, 8.

[6]) Hearst 11, 5.

[7]) Hearst 1, 2.

[8]) Pap. Ebers 54, 19; ein ähnlicher Fall ib. 95, 14.

[9]) Erman, Zaubersprüche für Mutter und Kind, Rs. 3, 3; ähnlich ebenda 6, 2 und Eb. 95, 14.

[10]) Erman a. a. O. Rs. 6, 6/7.

[11]) Pap. mag. Harris 8, 4. 9, 2.

[12]) Leps. Totb. 99, 33. 109, 4.

[13]) Gardiner, Eg. Hieratic Texts I 1, S. 8* Anm. 6 (Hinweis von Spiegelberg); vgl. auch Totb. ed. Leps. 108, 4.

[14]) Papyrus Westcar 2, 23.

[15]) a. a. O. 3, 13.

[16]) a. a. O. 3, 15. 17.

[17]) Leps. Totb. 20. 147. Pap. de Boulak III 5, 6 (Hinweis von Spiegelberg).

[18]) Pap. mag. Harris 8, 8/9.

7 Jahre soll im Märchen jemand etwas suchen[1]). 7 Jahre soll unter König Tosorthros der 3. Dyn. nach einer apokryphen Inschrift aus der Ptolemäerzeit die Nilüberschwemmung ausgeblieben sein und eine Hungersnot gewährt haben, was an die 7 fetten und 7 mageren Jahre in der Joseph-Geschichte erinnert[2]).

In dem oben erwähnten demotisch-magischen Papyrus von London und Leiden aus dem 3. Jh. n. Chr. spielt die heilige Siebenzahl eine ungeheure Rolle. 7 mal hat man meist die Sprüche zu rezitieren, (wo früher die Vierzahl üblich war)[3]), zum Teil bis zur 7. Stunde des Tages[4]). 7 Tage lang soll man eine gewisse Operation wiederholen[5]). 7 mal soll man bei einem Zauber mit dem Fuß aufstampfen und sich 7 mal nach Norden wenden[6]). 7 Könige und 7 Götter soll man anrufen[7]). 7 Ziegel[8]) oder 7 Palmzweige, 7 Blätter und 7 Salzklumpen[9]), 7 Gerstenkörner[10]), eine 7 Finger lange Weintraube[11]) braucht der Zaubernde zu seinen Manipulationen. Bei einem Zauber, zu dem er 7 Maß Antilopendung nehmen soll, soll er den Spruch 7 mal rezitieren 7 Tage lang[12]). Ein andermal soll man die Worte „ich bin der, der in den 7 Himmeln ist, ich bin der, der in den 7 Kapellen thront“ 7 mal sagen[13]). Mitunter sind die Meinungen geteilt, ob man die Siebenzahl oder die Neunzahl[14]), resp. die Siebenzahl oder die Dreizahl[15]) vorziehen soll.

Dem 4 maligen Umzug bei den alten Tempelzeremonien (s. ob. S. 32) steht bei Plut. Is. et Osir. 52 ein 7 maliger Umzug der heiligen Kuh gegenüber[16]).

Im staatlichen Leben spielen die 7 Gaue Mittelägyptens, die sogen. Heptanomis der späteren Zeit, als eine zusammengehörige Gruppe eine gewisse Rolle. — In griechisch-römischer Zeit gibt es auch eine Heptakomia im 10. oberägyptischen Gaue von Aphroditespolis. — 7 war auch ursprünglich die Zahl der „Bogen“ des Gottes Horus, d. h. der Völker,

1) Orb. 8, 5.
2) Brugsch, Die biblischen sieben Jahre der Hungersnot.
3) Demot. Mag. Pap. 2, 15. 3, 14 u. o.
4) ib. 3, 15.
5) ib. 12, 6. 30. Verso 7, 4 u. ö.
6) Demot. Mag. Pap. 5, 1.
7) ib. 10, 26. 27, 4.
8) ib. 3, 5.
9) ib. 3, 8; vgl. 10, 14.
10) ib. 15, 2.
11) ib. 12, 8.
12) ib. Verso 13, 7/8.
13) Demot. Mag. Pap. 20, 32/3.
14) ib. 12, 4. 23, 23.
15) ib. 16, 19. 17, 24.
16) Hinweis von Spiegelberg.

die der ägyptische König der Urzeit beherrschen sollte[1]). Erst zu Beginn der geschichtlichen Zeit, scheint es, ist daraus durch Hinzunahme der „beiden Länder“ Oberägypten und Unterägypten die traditionelle Neunzahl geworden.

Auch in der Natur fand man die heilige Siebenzahl vor, und zwar zweimal am eigenen Leibe in den „7 Löchern“, die der Kopf enthält[2]), und in den 7 Halswirbeln[3]). Natürlich ist diese erfreuliche Feststellung nicht die Ursache für die Heiligkeit der Zahl gewesen, sondern erst eine Folge davon.

Dagegen ist die siebentägige Woche, wie schon erwähnt wurde, im alten Ägypten nicht bekannt gewesen. Erst im Koptischen begegnet sie uns als „Siebenheit“ (ⲥⲁϣϥⲉ). Die 14 Tage, die eine Frau nach ihrer Geburt zur Reinigung gebraucht[4]), werden weniger 2 Wochen, als 1/2 Monatsperiode bedeuten[5]).

70. 77. 770. 7000. 75. 14. 21. 42.

Mit der Heiligkeit der 7 hängt auch die der 70, 77, 770, 7000 und 75 zusammen. 70 ist die Zahl der Tage, die bei den Ägyptern zwischen Tod und Bestattung liegen müssen, und während derer die Balsamierung der Leiche vorgenommen wird[6]). 70 Fenster, die 70 Ellen vom Erdboden entfernt sind, soll das Haus haben, das im Märchen vom verwunschenen Prinzen der Fürst von Naharên für seine Tochter bauen ließ[7]).

Von „den 77 Eseln“ auf der Flammeninsel spricht ein Zaubertext[8]); ein anderer von „den 77 Göttern“, die etwas mit dem Sonnenauge tun sollen[9]); derselbe läßt den Gott der Luft 77 Augen und 77 Ohren haben[10]).

770 Ellen soll das Schiff lang sein, das die Götter dem toten König als dem Sohn des Sonnengottes für die Fahrt über den Himmel zimmern[11]).

---

[1]) Pyr. 511 c.

[2]) Vgl. oben S. 25.

[3]) Pyr. 511 b.

[4]) Pap. Westcar 11, 19.

[5]) Die Zahl 52, die man in einigen demotischen Texten als runde Zahl angenommen hat, und die auf die Zahl der Wochen im Jahre hätte gedeutet werden können, beruht auf einer falschen Lesung. Siehe Spiegelberg, Petubastis Glossar Nr. 340.

[6]) z. B. 1 Khaemw. 4, 25. Grabsteine der memphitischen Hohenpriester der Ptolemäerzeit; vgl. die 72 Tage bei Diodor I 72. — Siehe Griffith, Stories of the high-priests S. 26 (Hinweis von Spiegelberg).

[7]) Pap. Harris 500, Verso 5, 4/5.

[8]) Erman, Zaubersprüche für Mutter und Kind, Rs. 6, 4.

[9]) Pap. magique Harris 6, 1. — Auf diese wird sich vermutlich auch das „Buch der 77“ beziehen, von dem Rec. de trav. 9, 48 die Rede ist, eine Stelle, auf die mich Spiegelberg freundlichst hinwies.

[10]) a. a. O. 7, 6.

[11]) Pyr. 1209 a.

7000 Krüge Bier sollen nach der Sage von der Vernichtung des Menschengeschlechts zur Berauschung des blutdürstigen „Sonnenauges“ bereitgestellt worden sein[1]).

Dagegen sind es 75 Schlangen, die auf der Zauberinsel im Märchen des schiffbrüchigen Seefahrers gelebt haben sollen[2]), und in 75 Gestalten soll der Sonnengott seine 75 Höhlen bewohnen[3]).

Andere Vielfache von 7, die im „Totenbuch“ wie heilige Zahlen gebraucht vorkommen, sind 14 (Zahl der *ỉꜣ·t* Stätten in der Unterwelt), 21 (Zahl der Tore der Unterwelt) und 42 (Zahl der Totenrichter)[4]). 14 ist auch die Zahl der Geister (*kꜣ·w*) des Reᶜ, der daneben 7 Seelen (*bꜣ·w*) haben soll[5]). Zu den 14 Tagen der Reinigung der Wöchnerin, s. ob. S. 36.

3.

Als Beispiele für einen entsprechenden Gebrauch der Zahl 3 lassen sich aus dem demotischen magischen Papyrus von Leiden und London die folgenden anführen:

3 Tage lang[6]), resp. „3 oder 4 Tage“[7]), soll man gewisse Operationen vornehmen; 3 mal soll man etwas wiederholen[8]), 3 Namen aufschreiben[9]), 3 Früchte[10]) oder 3 Ziegel[11]) zu gewissen Zaubereien nehmen. Ein Skarabäus mit 3 Schildern vor seinem Kopf ist für gewisse Zwecke wirkungsvoll[12]). Am 3. Tage des Monats soll über eine dreinablige Zwiebel, die von 3 eisernen Nadeln durchbohrt ist, ein Zauberspruch 7 mal gesprochen werden, um zu wirken[13]). Neben der 7, wie hier, oder zur Wahl gestellt mit ihr, erscheint die 3 auch sonst noch mehrmals in dem Papyrus[14]).

Die Dreizahl findet sich auch sonst sehr häufig angewandt, wo man an eine runde Zahl denken könnte, z. B. wenn im Tempel die Götterbilder 3 mal am Tage verehrt werden[15]), 3 mal am Tage geopfert wird[16]) und die Priester sich 3 mal am Tage waschen[17]), doch hängt gerade dies augen-

[1]) Destr. des hommes 19.
[2]) Pap. St. Petersburg 1115, 127.
[3]) Sonnenlitanei der thebanischen Königsgräber, z. B. Lepsius, Denkm. Text III 196.
[4]) Vgl. Leps. Totenb. Vorw. S. 6. (Hinweis von Spiegelberg).
[5]) Brugsch, Wörterb. VII 997 (Hinweis von Spiegelberg).
[6]) Demot. Mag. Pap. 23, 23. Verso 8, 4.
[7]) ib. Verso 6, 8.
[8]) Demot. Mag. Pap. 14, 2. 16, 12 ff. 17, 27. 18, 4.
[9]) ib. Verso 24, 3.
[10]) Demot. Mag. Pap. 15, 5.
[11]) ib. 10, 13.
[12]) ib. 21, 10.
[13]) ib. 8, 17.
[14]) ib. 10, 13. 16, 19. 17, 24.
[15]) Rosettana gr. 40 (Spieg.).
[16]) Junker, Abaton S. 20 a. Plut. Is. et Osir. 52 (Hinweise von Spiegelberg).
[17]) Chairemon fr. 4 (Spieg.).

scheinlich mit der natürlichen Einteilung des Tages in 3 Tageszeiten, Morgen, Mittag und Abend, zusammen.

5.

Die 5 tritt uns als heilige Zahl m. W. kaum entgegen. Denn die 5 Mahlzeiten, die der Tote, 3 im Himmel und 2 auf Erden, erhalten soll[1]), werden wohl einfach die 5 Mahlzeiten sein, in die der Ägypter vermutlich seine Tagesernährung ebenso eingeteilt haben wird, wie wir es noch heute tun[2]).

Als runde Zahl könnte die 5 dagegen in den 5 Boten, die in einem allgemein gehaltenen Beispiel eines „prophetischen" (im Sinne des Alten Testaments) Textes genannt werden[3]), verwendet sein, sowie in der Bezeichnung „Fünfheit" oder „die 5 Hände" für eine gewisse Klasse von Feldarbeitern[4]), und in der üblichen Nachfrist von 5 Tagen, die in den demotischen und griechischen Rechtsurkunden der Ptolemäerzeit dem säumigen Schuldner zur Abtragung der Schuld mit einem Agio gewährt zu werden pflegt. Was mit den 5 in dem alten Titel des Hohenpriesters von Hermopolis „Großer der 5 im Hause des Gottes Thoth" gemeint war, ahnen wir nicht. In der Zahl der 5 Epagomenen (ägyptisch „die 5 auf dem Jahre"), der Tage, die nachträglich dem in 12 Monate geteilten Jahre von 360 Tagen zugefügt wurden, als das ägyptische Wandeljahr von 365 Tagen ohne Schaltung geschaffen wurde, und in den 5 Göttern („die fünf"), deren Geburtstag auf diese 5 Tage gelegt wurde, und deren ältester Osiris sein sollte („der große Gott unter den 5 Göttern", Urk. IV 543), wird man die 5 jedenfalls nicht als heilige Zahl gelten lassen.

6.

Die 6 ist als runde Zahl nicht verwendet. Die „6 großen Häuser", die Appellationsgerichtshöfe des alten Reiches, werden ihre Zahl gewiß aus guten Gründen natürlicher Art bekommen haben.

9.

Die 9 kommt in älterer Zeit in der Götterneunheit von Heliopolis, einer künstlichen theologischen Schöpfung der heliopolitanischen Priesterschaft, vielleicht nach dem Muster älterer anderswo lokalisierter Neunheiten,

---

1) Pyr. 121 c. 717 b. 2156 c.

2) Später hat man das wohl nicht mehr erkannt und macht nun wirklich eine runde Zahl daraus, nämlich 7, die sich entsprechend zu 4 und zu 3 auf Himmel und Erde verteilen; vgl. Grapow, Ztschr. f. äg. Sprache 47, 106.

3) Gardiner, Admonitions of an Egyptian Sage, p. 72.

4) Ztschr. f. äg. Sprache 47, 11.

wie in den 9 Bogen, von denen oben S. 36 die Rede war, zur Geltung. Auch, wenn es von einem Gotte heißt, er durchfahre neunmal in der Nacht den Himmel[1]), wenn in der Geschichte des beredten Bauern (aus dem mittleren Reich) der vergewaltigte Bauer 9 mal eine Klagerede halten muß, ehe man sich seiner annimmt[2]), und wenn es neun „Freunde" sein sollen, die den Toten zu Grabe geleiten[3]), mag eine runde Zahl beabsichtigt sein.

Sehr beliebt ist die 9 als runde Zahl neben der 7 in später Zeit. In dem demotischen magischen Papyrus von Leiden und London heißt es oft zur Empfehlung der Zaubermittel, sie seien 9 mal erprobt[4]), 9 mal solle man den Zauberspruch sagen[5]), einen 9 Finger langen Fisch solle man zu einer Zauberoperation nehmen[6]). In den beiden letzteren Fällen kommt es auch vor, daß dem Zaubernden die Wahl zwischen der 7 oder der 9 gelassen wird[7]), wie in einem andern Falle zwischen der 9 und der 10[8]).

10.

Die 10, die in der Dekade des Monats (ägyptisch „die 10 Tage") nicht als runde Zahl zu bezeichnen ist, kommt ähnlich in den alten Titeln „Großer der 10 von Oberägypten" und „Vorsteher von 10" (äg. , *decurio*), sowie in dem häufigen Ausdruck *r 10* „das Zehntel" für „der Zehnt" (*decuma*) als eine augenscheinlich unter dem Einfluß des Dezimalsystems gewählte Zahl vor, ohne daß man sie gerade als runde Zahl bezeichnen würde. Etwas anders liegt die Sache schon, wenn jemand 10 Eide geschworen haben soll[9]), wenn jemand von 10 Antworten redet, die er gegeben habe[10]), wenn ein Wächter 10 mal in der Nacht seinen Gefangenen revidieren soll[11]), wenn jemand sagt, daß er 10 Tage habe mit Bitten verbringen müssen[12]), wenn sich im Märchen der Königssohn 10 Tage Bedenkzeit ausbittet[13]), oder wenn von den 10 Hunden des (hundegestaltigen) Gottes Anubis die Rede ist[14]).

---

1) Pyr. 1250 a.
2) Bauer B. 2, 91.
3) Schiaparelli, Libro dei funerali.
4) Demot. Mag. Pap. 8, 12. 14, 31. 18, 23.
5) ib. 18, 25. 21, 8. 23, 26. 30. Verso 24, 5. 26, 2.
6) ib. 12, 28.
7) ib. 12, 4. 23, 23.
8) ib. 15, 3.
9) Pap. Abbott 6, 14; vgl. ib. 6, 4.
10) Davies, Amarna V 15 = Culte d'Atonou 30 (Hinweis von Spiegelberg).
11) Urk. I 130.
12) Ztschr. f. äg. Sprache 1880, 98.
13) 2 Khaemw. 3, 4.
14) Demot. Mag. Pap. 19, 3.

20.

Die 20 ist durch 20 Frauen, die im Märchen den König durch Ruderkunststücke ergötzen[1]), und durch 20 Tage vertreten, die ein Zaubermittel stehen muß, bis es benutzt wird[2]). Dafür treten auch 20 Tage und nochmals 40 Tage ein[3]).

30.

Die 30 könnte als runde Zahl in der Benennung der „Dreißigschaft“ *mcb3·jt* (mit dem Determinativ des Hauses) stehen[4]), des Hofes der 30 Richter (vgl. Diod. I 75)[5]), und der gleichlautenden (damit zusammenhängenden?) Bezeichnung für einen Teil des Gefolges des Königs, die seit dem neuen Reich vorkommt[6]). Nach Diodor (a. a. O.) sollen jene 30 Richter aus je 10 Vertretern der 3 Hauptstädte des Landes (Heliopolis, Memphis, Theben) bestanden haben, sodaß also eigentlich die 10 und nicht die 30 hier die runde Zahl darstellen würde[7]).

Sicher als runde Zahl haben wir die 30, wenn in einem Märchen der König 30 Jahre auf dem Throne sitzen soll[8]), und in einem andern die Geisterschlange 30 Ellen lang sein soll[9]).

33 s. u. 40.

40.

Die Zahl 40, die bei vielen Völkern als heilige Zahl so beliebt ist, findet sich im Ägyptischen nur selten unter Umständen gebraucht, die eine solche Auffassung erlauben. Eine Stange von 40 Ellen soll vom Toten zum Staken seines Schiffes verwandt werden[10]). 40 Ellen Breite soll ein 150 Ellen langes Schiff im Märchen haben[11]). Siehe auch oben bei der 20.

In einer durchaus rätselhaften Zahlenkombination erscheint die 40 in einer Stelle des oft zitierten demotischen magischen Papyrus von Leiden und

---

1) Pap. Westc. 5, 8.

2) Demot. Mag. Pap. 5, 26.

3) ib. 27, 26.

4) z. B. Kairo 20539 (m. R.).

5) s. Gardiner, Admonitions of an Egyptian Sage S. 50 (Spieg.).

6) z. B. Ztschr. f. äg. Sprache 44, 32.

7) Der seit dem mittleren Reich auftretende Titel ist, wie die gleichzeitige Variante lehrt, nur eine jüngere Schreibung des alten , indem das Wort für 10 als Pluralis behandelt und demgemäß dreimal wiederholt ist, als ob der Titel nicht „Großer der 10 von Oberägypten“ bedeutete, sondern „Großer der Zehner“ oder „Zehnerschaften“. Vielleicht war das in der Tat richtig.

8) Orb. 19, 6.

9) Geschichte des Schiffbrüchigen (Pap. St. Petersburg 1115) 63.

10) Lacau, Textes religieux Nr. 22, 41.

11) Geschichte des Schiffbrüchigen (a. a. O.) 26.

London, wo in einem Zauber gewünscht wird, daß der Name einer Frau aus Ägypten ausgetilgt werden solle für „40 Tage 33 Monate 175 Tage, das Komplement von 6 Monaten“[1]).

60.

Die 60 erscheint als mystische Zahl in der Angabe, die wir bei Plutarch lesen, daß das Krokodil 60 Eier legen solle, die 60 Tage ausgebrütet würden, und daß es in seiner Lebensdauer es höchstens bis auf 60 Jahre bringe[2]). — 60 Jahre werden in einem demotischen Text als Dauer eines lebenswerten menschlichen Lebens genannt[3]).

70 s. ob. S. 36.

100.

Mit der 100 steht es ganz ähnlich wie mit der 10. Es gibt einen „Vorsteher von 100“ (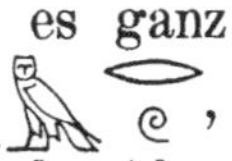, *centurio*), das *r 100* „ein Hundertstel“ d. i. 1 Prozent kommt als Abgabe vor[4]), und „100 Schläge“ gelten im neuen Reich als feststehende Strafe für Übeltäter[5]), doch kann es natürlich gelegentlich auch die doppelte Portion, 200, geben[6]). In der Perserzeit scheint man sich dagegen schon mit 50 begnügt zu haben[7]). Andererseits soll in einer demotischen Märchenerzählung der Kaiserzeit der mit Hülfe böser Geister nach Nubien entführte Pharao 500 Stockhiebe bekommen, und das gleiche Quantum soll dem Zauberer, auf dessen Geheiß das geschehen ist, zur Wiedervergeltung am Hofe des Pharao zuteil werden[8]).

100 Krüge Bier und 1000 Brote sind in einer älteren Märchenerzählung (des mittleren Reichs) das feststehende Maß dessen, was der König verdienten Männern seines Hofes als Einkünfte zuweist[9]).

110 und höhere Zahlen.

110 Jahre ist die ideale Lebensdauer, auf die ein glückseliger und frommer Mensch hoffen darf[10]); vgl. damit das *saeculum* der Römer, das seit Augustus die gleiche Länge hatte[11]).

---

[1]) Demot. Mag. Pap. Verso 13, 5.
[2]) Plut. Is. et Osir. 75. — Auf diese Stelle wies mich Reitzenstein freundlichst hin.
[3]) Pap. Insinger 18, 3 (Hinweis von Spiegelberg).
[4]) Urk. II 103 (Stele von Pithom).
[5]) Spiegelberg, Studien und Materialien S. 68/9. Pap. Anast. III 6, 10.
[6]) Dümichen bei Spiegelberg a. a. O. S. 69.
[7]) Pap. dem. Rylands 9, 3, 7 ff.
[8]) 2 Khaemw. 4, 7. 12. 18. 5, 21. 28. 32.
[9]) Pap. Westc. 6, 18. 9, 20.
[10]) Sehr oft in Texten aller Zeiten. — S. Jacoby, Rec. de trav. 34, 16 ff.
[11]) Mommsen, Röm. Chronologie[2] 174.

120 Schoinoi sollen die Strecken lang sein, die der Sonnengott in den ersten Stunden der Nacht zu durchfahren hat[1]).

150 Ellen soll im Märchen das Schiff lang sein, in dem der Held Schiffbruch leidet, und 150 Matrosen sollen seine Bemannung bilden[2]).

200 könnte runde Zahl sein in dem Titel des alten Reiches „Priester der 200" (*wcb n 200*)[3]). — Ein Königtum von 200 Jahren läßt sich ein König von den Göttern bestimmt werden[4]).

500 Brote und 100 Krüge Bier vertilgt der alte Zauberer im Märchen alltäglich[5]). — 500 Schläge s. ob. zu 100. — In der märchenhaften Geschichte von der Eroberung Joppes durch Thutmosis III werden 500 Pakete von 500 Trägern in die belagerte Stadt geschmuggelt[6]).

770 s. ob. S. 36.

Zu dem Gebrauch der Zahlworte für 1000, 100 000 und Million als runde Zahlen für große Mengen s. ob. S. 11 ff.

Ein durch Zauberkünste überwundener böser Geist hat im Märchen zu schwören, daß er in 1500 Jahren nicht nach Ägypten zurückkehren werde[7]).

Die im Vorstehenden verzeichneten Beispiele für den Gebrauch runder oder heiliger Zahlen bei den alten Ägyptern, oder was man allenfalls so deuten kann, wollen natürlich nicht den Anspruch auf Vollständigkeit erheben. Das Mitgeteilte beruht nicht auf einer systematischen Materialsammlung, sondern ist gelegentlich im Lauf der Zeit aufgesammelt worden. Es ist aber immerhin geeignet, später eventuell einmal als Vorarbeit für eingehendere Spezialuntersuchungen zu dienen, und kann vorläufig, so lange es an einer solchen noch fehlt, dem Interessierten jedenfalls einen ungefähren Überblick über das Vorhandene geben.

5. Zahlabstrakta.

Für eine Anzahl von geläufigen Zahlenausdrücken besitzt das Altägyptische feminine Zahlabstrakta (s. die Tabelle S. 18), die wie die griechischen Wortformen auf -άς (τριάς, ἑβδομάς, δεκάς) ohne Hinzufügung des gezählten Gegenstandes gebraucht werden. Die Eigentümlichkeit der Hieroglyphenschrift, die Bilder der gedachten Gegenstände als Ideogramme (Determinative, Wortzeichen) den phonetisch oder mit Zahlzeichen

[1]) Amduat (Hinweis von Spiegelberg).
[2]) Pap. St. Petersburg 1115, 26. 27.
[3]) Mariette, Mastabas 456 u. ö.
[4]) Pap. Harris 23, 2 (Hinweis von Spiegelberg).
[5]) Pap. Westc. 7, 2.
[6]) Pap. Harris 500, Verso 2, 4. 7.
[7]) 2 Khaemw. 6, 31. 35.

geschriebenen Zahlabstraktis zuzufügen, verrät indes dem Leser meistens deutlich, was gemeint ist[1]).

Beispiele solcher Zahlabstrakta sind:

„die Zweiheit" der Beine, von Menschen und Vögeln gebraucht im Gegensatz zu:

ifd·t „die Vierheit" der Beine, von den Vierfüßlern[2]), anderwärts phonetisch ausgeschrieben *ifd(·t)* (Schreibfehler: 3 Striche statt 4)[3]).

ifd·t „die Vierheit" der Stützen des Himmels, die ihn an den vier Ecken der Welt tragen sollen, anderwärts phonetisch ausgeschrieben *ifd(·t)* oder nur mit der Zahl IIII *4(·t)*[4]).

ifd(·t) „die Vierheit" der Seiten einer Sache[5]).

ifd·t „die Vierheit" der Tage (angedeutet durch das Bild der Sonne)[6]).

dw·t „die Fünfheit" der Hände, Bezeichnung für die Worflerinnen[7]).

ⲥⲁϣϥⲉ *šašfe(·t)* „die Siebenheit" der Tage, die Woche, erst im Koptischen.

ḫmn·t „die Achtheit" der Tage[6]).

pśḏ·t „die Neunheit" der Götter, anderwärts phonetisch ausgeschrieben *pśḏ·t* oder nur mit der Zahl *9·t*.

pśḏt „die Neunheit" der Bogen (s. ob. S. 36), anderwärts phonetisch ausgeschrieben oder nur mit der Zahl wie im vorigen Falle[8]).

Zahlabstrakta von 10 und 30 („Zehnerschaft" und „Dreißigerschaft") liegen vielleicht in den oben S. 40 Anm. 7 und S. 39 besprochenen Ausdrücken vor.

Zwei Beispiele von Zahlabstrakta aus einer hamitischen Sprache, dem Galla, von gleicher Bildung und gleichem Gebrauche wie die altägyptischen,

---

[1]) Über die Zahlabstrakta vgl. meine Untersuchung Ztschr. f. äg. Sprache 47, 7 ff. Daselbst findet man auch die Belege für alle Beispiele, die im folgenden ohne Zitate angeführt werden.

[2]) „alles was auf Zweien und auf Vieren geht", Leps. Denkm. III 194, Dekret des Ptaḥ-*Tnn*, Zeile 15 (Dyn. 19).

[3]) „Alles Vieh, das auf Vieren geht", Rec. de trav. 32, 6 (Dyn. 19).

[4]) „Der Himmel bleibt auf seiner Vierheit". — Varianten: „die 4 Stützen" oder „die Stützen".

[5]) Mit Possessivsuffix: „sie schlossen den Gau ein auf seiner Vierheit", d. h. auf allen vier Seiten, Urk. III 13 (8. Jh. vor Chr.).

[6]) Mit Possessivsufix *ifd·t-f*, *ḫmn·t-f*, Pyr. 746 b. c.

[7]) Passim (altes Reich). — Variante: „die 5 Hände" (Dyn. 12).

[8]) Varianten: „die 9 Bogen" und „die Bogen".

weist mir Enno Littmann[1]) nach in den Benennungen *ɔafrê* und *sadačâ* für die Vereinigungen von 4 und 3 Stämmen. *ɔafrê*, das von dem oben S. 21 besprochenen *afur* „vier“ herkommt, entspricht dem äg. *ɔăfdet* (ⲁϥⲧⲉ). *sadača*, das von *sadi* „drei“ kommt, hat ebenso wenig Ähnlichkeit mit dem entsprechenden äg. *ḫŏmtet* (ϣⲟⲙⲧⲉ), wie das semitische Zahlwort für 3 mit dem ägyptischen (s. ob. S. 21).

Eine Eigentümlichkeit der ägyptischen Zahlabstrakta ist, daß man sie auch zur Bezeichnung der Anzahl gleicher Teile gebraucht, in die ein Ganzes geteilt wird. Man sagt ägyptisch[2]):

„dieses Land wurde in eine Fünfheit (*dw·t*) geteilt“ statt „in 5 Teile“, Urk. IV 139 (Dyn. 18).

„wir machten dieses Gold zu einer Achtheit (*ḫmn·t*)“ statt „wir teilten es in 8 Teile“, Pap. Amherst 2, 10 (Dyn. 20).

Dem liegt der Gedanke zugrunde, daß bei der Teilung aus einer Einheit eine Vielheit von Gegenständen entsteht.

Im Demotischen und Koptischen sind die alten Zahlabstrakta (von dem das griech. ἑβδομάς wiedergebenden ⲥⲁϣϥⲉ „Woche“ abgesehen) in allen diesen Fällen nicht mehr gebräuchlich. Man gebraucht jetzt einfach die Kardinalzahl. Man sagt also z. B. „zu zwei machen“ resp, „zwei werden“ für „in zwei Teile teilen“ resp. „sich in zwei Teile teilen“, wenn man hier nicht ein Wort für Teil nennt[3]), und:

ḥr-ś: 110 tp t: „nach 110 (Jahren) auf Erden“[4]) statt des alten *ḥr-ś: rnp·t 110* „nach 110 Jahren“.

Dagegen haben sich die alten Zahlabstrakta im Koptischen in einer Verwendung erhalten, in der man sie nicht erwarten würde, nämlich als Ausdruck für die Einer in der Verbindung mit Zehnern:

ⲙⲛ̄ⲧ-ⲁϥⲧⲉ *mĕnt-afte* „10 (und) Vierheit“ = 14.

ϩⲙⲉ-ⲧⲏ *ḥme-tē* „40 (und) Fünfheit“ = 45.

Die koptischen Formen, die sich uns so erhalten haben, sind oben S. 18 mitaufgeführt.

6. Die Konstruktion der Kardinalzahlworte.

(Hierzu die Tabelle auf S. 58.)

Sehr eigentümlich ist im Ägyptischen die Art, wie die Kardinalzahlen mit dem gezählten Worte verbunden werden.

---

[1]) s. Littmann, Ztschr. f. Assyriologie 11, 392.

[2]) Ztschr. f. äg. Sprache 47, 2. 7.

[3]) Ztschr. f. äg. Sprache 47, 2.

[4]) Louvre Apisstele 15.

a) Altes Reich (Pyramidentexte).

In den Pyramidentexten finden wir für die Zahlworte von 3 bis 9, die je eine mask. und eine fem. Form besitzen, zwei, dem äußern Anscheine nach grundverschiedene Konstruktionsweisen miteinander wechselnd im Gebrauch. Entweder es geht das Zahlwort, das dabei fast immer mit Buchstaben ausgeschrieben wird, voran und es folgt ihm das gezählte Wort, das dann stets im Pluralis steht[1]), — oder es wird das gezählte Wort im Singularis vorangestellt, und das Zahlwort, dann nur in Ziffern geschrieben, nachgestellt.

Aus verschiedenen Anzeichen ist nun aber zu schließen, daß diese letztere Art, die bei Maßangaben und Rechnungsposten die Regel ist und vielleicht überhaupt aus dem Bureauwesen stammt, in Wirklichkeit nur eine abgekürzte Schreibung (Ziffernschreibung) der ersteren darstellt und tatsächlich ebenso mit Voranstellung des Zahlwortes und pluralischer Form des gezählten Wortes zu lesen ist. Die Schreibungen mit nachgestellter Ziffer sind also eine genaue Parallele zu den oben S. 9/10 besprochenen Schreibungen für die Vielfachen der Zahlen 100 000, 10 000 und 1000, bei denen der Multiplikator in der Schrift als Ziffer nachstand, in der Sprache als Wort aber sicherlich vorangelesen wurde.

Beispiele, die zum Teil beide Schreibweisen in einem und demselben Text miteinander wechselnd zeigen, sind:

fd(·w) wꜣḏ·w „vier Papyrussäulen" (Abschriften des mittleren Reiches) = *wꜣḏ 4* „Papyrussäule 4" (Pyr. des W.) Pyr. 152 a.

pśḏ(·w) sp·w „neun Male" = *sp 9* „Mal 9", Pyr. 1250 a.

fd·t ḏꜣ·wt „vier Hände" = *ḏꜣ·t 4·t* „Hand 4", Pyr. 124 d. g. — Die Schreibung des anscheinenden Singularis mit ꜣ statt *r* zeigt, daß auch in ihm in Wahrheit nicht die Singular- (*ḏr·t* kopt. τωρε), sondern die Pluralform vorliegt.

śfḫ·t-f ìcr·wt „seine sieben Schlangen" = *ìcr·t 7·t-f* „Schlange, seine 7", Pyr. 511 a. — Die zweite Schreibung findet sich nur einmal am Ende einer Zeile, wo der Raum knapp war; sonst steht überall die erste vollere Schreibung.

fd·w-ś gś·w „ihre vier Seiten", Ztschr. f. äg. Sprache 47, 55/56 = *ḳcḥ 4-ś* „Ecke, ihre 4", Totb. Nav. 70, 3 (wo eine Variante das Wort *ḳcḥ* mit dem Pluraldeterminativ versieht).

fd·t-k nmś·wt „deine vier Krüge", Pyr. 1293 b; desgl. ausnahmsweise in Ziffern geschrieben *8·t-k nmś·wt*, ib. 2012 c.

---

[1]) Ebenso auch in den späteren Abschriften alter religiöser Texte. *fd·t sḫn·t* „die vier Himmelsstützen" Ḥar-ḥotep 365 (Koll. von Lacau) ist ohne Zweifel in *fd·t sḫn·wt* zu berichtigen. Die Photographie in Maspero's Publikation läßt gerade an dieser Stelle in Stich. Paralleltexte sind nach freundlicher Mitteilung von Dr. Grapow nicht veröffentlicht.

Wie aus den letzteren Stellen ersichtlich ist, wird das Possessivsuffix, das zu dem Zahlausdruck gehört, nicht dem gezählten Worte, sondern dem Zahlwort angehängt, das also augenscheinlich substantivisch gebraucht ist und zu dem das gezählte Wort in einem appositionellen Verhältnis steht. *fd·w-ś gś·w* „ihre vier Seiten" bedeutet offenbar eigentlich „ihre männlichen vier, nämlich Seiten" (*gś* „Seite" ist mask.), *śfẖ·t-f ỉcr·wt* „seine weiblichen sieben, nämlich Schlangen" (*ỉcr·t* „Schlange" fem.).

In derselben Weise wird auch das Pronomen demonstrativum behandelt. Es hat gleichfalls dem Zahlwort, nicht dem gezählten Worte, zu folgen und hat dabei pluralische Form:

fd(·w) ỉp·w ḏꜣn·w „diese (männlichen) vier (, nämlich) Jünglinge", Pyr. 1206 a.

fd(·w)-k ỉp·w ḥr·w „diese deine vier Gesichter", Pyr. 1207 b.

fd(·w)-ṯn ỉp·w hrw·w 8-ṯn[1]) *grḥ·w* „diese euere vier Tage, euere 8 Nächte", Pyr. 1284 b.

fd·t ỉp·t·w nṯr·wt „diese (weiblichen) vier (, nämlich) Göttinnen", Pyr. 606 b.

fd·t-ś ỉp·t·w nmś·wt „diese ihre vier Krüge", Pyr. 1180 c.

Desgleichen bei Ziffernschreibung:

šm·t 4(·t)-k ỉp·t·w „Weg (fem.), deine 4, diese", so abgekürzt geschrieben für *fd·t-k ỉp·t·w šm·wt* „diese deine 4 Wege", wie zu lesen ist, Pyr. 1355 a.

ḫntjw 5 (ỉ)p·n mj-ḳd-śn „Kanal, 5, diese alle" für *dw·w ỉpn ḫntjw·w* usw. „alle diese 5 Kanäle", Urk. I 109.

ꜣḫ 7 ỉp·w „diese 7 Geister" lies *7 ỉp·w ꜣḫ·w* Ḥar-ḥotep 520 (Totb. Kap. 17).

Eine besondere Behandlung erfährt das Zahlwort 2. Es steht auch da, wo es phonetisch ausgeschrieben ist, stets hinter dem gezählten Gegenstand, der dabei im Dualis steht und seinerseits die Possessivsuffixa zu sich nimmt:

ḥr·wj-śj śn·wj „ihre zwei Gesichter", Pyr. 238 b. 1096 b.

ỉs·wj śn·wj „zwei Gräber", Urk. I 143. 147.

sꜣ·tj śn·tj „die zwei Kinder (Sohn und Tochter)", Pyr. 1248 d.

Ist das Zahlwort nur in Ziffern geschrieben, so wird auch hier das gezählte Wort wie ein Singularis geschrieben:

wr ḫrp ḥm·t 2 „die 2 Hohenpriester von Memphis", Urk. I 85.

sp 2 „2 Male", Urk. I 106.

t 2 „2 Brote", Pyr. 717 b.

Zahlausdrücke mit höheren Zahlen, die nicht über besondere Maskulin- und Femininformen verfügen, sind aus älterer Zeit nur selten belegt. Ein Beispiel, das den oben besprochenen Ziffernschreibungen entspricht, ist: *cꜣ 300 ꜣtp·t* „300 beladene Esel", Urk. I 126.

Es zeigt, daß sich das Attribut des Zahlausdrucks im Geschlecht nach dem Zahlwort (*ḫmt·t š·t* = „dreihundert" fem.) richtete, nicht nach dem

[1]) Abgekürzte Schreibung wegen Raummangel am Ende der Zeile.

gezählten Worte. Das steht in bemerkenswerter Übereinstimmung mit dem oben festgestellten substantivischen Gebrauch der Einerzahlen, die gleichfalls Suffix und Demonstrativum des Zahlausdrucks zu sich nahmen.

Für das Zahlwort *ḫꜣ* „1000“ ist in der oben S. 15 erwähnten uralten formelhaften Anwendung als Ausdruck für eine ungeheure Zahl Voranstellung und Anknüpfung des gezählten Wortes durch die partitive Präposition *m* „von“, „an“ üblich. Dabei erhält auch hier das Zahlwort die Possessivsuffixe, die zu dem ganzen Zahlausdruck gehören:

ḫꜣ-k m iḥ ḫꜣ-k m ipd ḫꜣ-k m iḫ·t nb(·t) bnr·t „deine Tausend von Rind, deine Tausend von Gans, deine Tausend von jedem süßen Dinge“, Pyr. 1957; vgl. ib. 806—808. 1332. 2006. 2027. 2194.

In abgekürzter Schreibung wird auch in diesem Falle einfach das Zahlwort als Ziffer hinter das gezählte Wort gesetzt:

t 1000 ḥḳ·t 1000 usw. „Brot 1000, Bier 1000“, usw., so gewöhnlich in den kurzen Inschriften unter dem Speisetisch des beim Mahle sitzenden Toten in den Bildern der Gräber und Grabsteine.

Daß das so als Ziffer nachgestellte Zahlwort für 1000, ebenso wie oben die Einerzahlen, das Possessivsuffix mit sich nimmt, lehrt:

ṣꜣr 1000-k „Wunsch, deine 1000“ für „deine tausend Wünsche“, Quibell, Excav. at Saqq: 1907/8, S. 82.

Wahrscheinlich hat man in der obigen Verbindung mit *m* die gewöhnliche Konstruktion für die höheren Zahlworte in ältester Zeit zu erblicken, vgl. das oben S. 13 angeführte Beispiel mit *ḥḥ* „Million“. Sehr bemerkenswert ist, daß das gezählte Wort dabei in singularischer Schreibung zu erscheinen pflegt. Hierin stimmt diese alte partitive Ausdrucksweise mit der im Neuägyptischen für die höheren Zahlen (von 10 an aufwärts) üblichen mit *n* (Genitivexponent), die wie eine direkte Fortsetzung von ihr erscheint¹) und bei *ḥḥ* „Million“ bereits im alten Reiche zu belegen war (S. 13), durchaus überein. Das gezählte Wort scheint hier seine ganze Spezies oder Kategorie, nicht ein einzelnes Exemplar, zu bedeuten.

Vermutlich wird auch die oben angeführte Ziffernschreibung ꜥꜣ *300* „300 Esel“ so aufzulösen sein: *ḫmt·t š·t m* ꜥꜣ oder *ḫmt·t š·t n·t* ꜥꜣ d. i. „dreihundert von Esel“.

b) Mittleres Reich.

Das mittlere Reich (von den Abschriften alter Texte natürlich abgesehen) verfährt im allgemeinen konsequent darin, daß es die Zahlworte nur noch in Ziffern schreibt und diese ebenso, wie es die Pyramiden in

---

¹) Vgl. *ḫꜣ-k pn n rnp·t* „diese deine Tausend von Jahr (sing.)“, Urk. IV 1058, in einer Grabinschrift des neuen Reiches (Dyn. 18).

diesem Falle zu tun liebten, dem gezählten Worte in der Schrift folgen läßt. Dagegen schwankt die Praxis hinsichtlich der Form des gezählten Wortes.

Während manche Texte (Schiffbrüchiger, Papyri von Kahun, Bauer) das gezählte Wort, in Übereinstimmung mit der Praxis der Ziffernschreibungen der alten Zeit, stets wie einen Singularis schreiben, schreiben es andere, und zwar merkwürdigerweise gerade jüngere Texte (Ebers, Westcar), bald als Singularis, bald mit allen Kennzeichen einer richtigen Pluralform (Pluralendung, Pluraldeterminativ, dem Pluralis eigentümliche Form des Wortstammes).

Beispiele mit singularischer Schreibung aus Texten, die nur diese anwenden, sind:

śḳd 150 „150 Matrosen", Schiffbr. (St. Petersburg 1115), 27.
jbd 4 „4 Monate", ib. 118.
ḥfȝw 75 „75 Schlangen", ib. 127.
mḥ 40 „40 Ellen", ib. 26.

Beispiele mit pluralischer Form sind:

ḫȝś·tj·w 4 „die 4 Barbaren(völker)", Benihassan II 8, 7.
sp·w 4 „4 Male", Hearst 11, 14.
mt·w 4 „4 Blutgefäße", Eb. 99, 5 ff.
inr·w 7 „7 Steine", ib. 54, 19, neben *inr 6* „die 6 Steine" (von diesen 7), ib. 54, 23.
hrw·w[1]) *10* „10 Tage", Eb. 48, 2.
nj·w-św·t 3 „3 Könige", Westc. 12, 3.
wśr·w 20 „20 Ruder", ib. 5, 8.
s·t-ḥm·(w)t 20[2]) „20 Frauenspersonen", ib. 5, 11.
ḫrd·w 3 „3 Kinder", ib. 9, 10.

Der Papyrus Westcar ist konsequent in der Anwendung der Pluralform[3]). Er gebraucht die singularische Schreibung nur bei dem Zahlwort 2, das ja von jeher und auch später eine Ausnahmestellung einnahm:

wjȝ 2 „2 Schiffe", Westc. 8, 4,

und bei Zeit- und Maßangaben, die auch später bis ins Demotische in gleicher Weise behandelt bleiben:

hrw 14 „14 Tage" (neben dem unten zu zitierenden *pȝ hrw·w 7*), Westc. 11, 18.
rnp·t 110 „110 Jahre", ib. 7, 2.
ḥḳ·t ds 100 „Bier, 100 Krüge", ib. 1, 13.

---

[1]) Es ist, wie es bei diesem Worte meistens geschieht, nur ein *w* ausgeschrieben; das beruht wahrscheinlich auf Zusammenfall der beiden gleichen Laute.

[2]) Die Pluralendung ist, wie es bei den fem. Pluralen die Regel ist, defektiv nur *t* geschrieben.

[3]) s. Erman, Die Sprache des Papyrus Westcar § 133.

Dieser Gebrauch ist mit der bei uns im Geschäftsleben üblichen, dem eigentlichen Sprachgebrauch widersprechenden Formulierung *Mk. 10* für *zehn Mark* zu vergleichen.

Nach der oben angeführten Stelle Eb. 54, 19. 23 muß es allerdings scheinen, daß zwischen den Zahlausdrücken mit pluralischer Form und denen mit singularischer Schreibung des gezählten Wortes tatsächlich unter Umständen ein Bedeutungsunterschied bestanden habe. Denn dort bedeutete *inr·w 7* „7 Steine", *inr 6* aber „die 6 Steine" (s. hierzu Abschn. III 6). An den Stellen Westc. 11, 18 (oben angeführt) und 3, 17 (s. u. S. 50) ist aber gerade das Umgekehrte der Fall; dort steht die pluralische Form bei determinierter, die singularische Schreibung bei indeterminierter Bedeutung des gezählten Wortes.

Die Regelmäßigkeit, mit der der Papyrus Westcar, abgesehen von der Zahl 2 und den Maßangaben, die pluralische Form, die Geschichte des Schiffbrüchigen die singularische Schreibung anwendet, und der anscheinend völlig willkürliche Wechsel zwischen beiden Erscheinungsformen in andern minder konsequent·schreibenden Texten, wie dem Papyrus Ebers, machen es aber wahrscheinlich, daß beide Schreibweisen, ebenso wie die beiden sich entsprechend gegenüberstehenden Schreibweisen der Pyramiden, tatsächlich nur ein und dieselbe gesprochene Ausdrucksform wiedergeben, nämlich die pluralische Form.

Daß dabei nun auch das durch eine nachgesetzte Ziffer ausgedrückte Zahlwort, mit Ausnahme der 2, noch ebenso wie in jener Zeit vor dem gezählten Worte zu lesen ist, darauf führt, abgesehen davon, daß auch das Neuägyptische und Koptische noch ebenso verfahren, eine merkwürdige Neuerung, die wir jetzt im mittleren Reich auftreten sehen, und die sich bis an das Ende der ägyptischen Sprachgeschichte in Geltung erhalten hat.

Die Zahlausdrücke erhalten nämlich von nun an die Demonstrativa oder den in dieser Zeit aufkommenden, aus einem Demonstrativ hervorgegangenen bestimmten Artikel nicht mehr in der Pluralform (*ip·n* „diese", *nꜣ* „die"), sondern in der Singularform, wiewohl sie im übrigen im Verlauf der Rede durchaus als Plurale behandelt werden. Das singularische Demonstrativ richtet sich dabei im Geschlecht nach dem gezählten Wort, ebenso wie es ja auch die Zahlworte für die Einerzahlen zu tun pflegen. Ist das gezählte Wort also ein Maskulinum, so steht *pn* „dieser", *pꜣ* „der", ist es ein Femininum, *tn* „diese", *tꜣ* „die".

Beispiele mit singularischer Schreibung sind:

hrw 3 pn „diese 3 Tage", Siut I 296[1]).

pꜣ s 2 „die 2 Leute", Kahun 13, 28.

[1]) Das *pn* ist nicht etwa *ipn* zu lesen, da der Text diese Form nicht mehr gebraucht, sondern statt dessen *nn* sagt.

pꜣ ḥśb 11 „die 11 Arbeiter", ib. 31, 4.
pꜣ t 20 „die 20 Brote", Math. Handb. Nr. 75.
pꜣ ḥḳ·t ds 10 „die 10 Krüge Bier", Math. Handb. Nr. 77 [1]).
tꜣ jt ḥḳꜣ·t 6(·t) „die 6 Scheffel Gerste", Bauer R. 6 [1]).

Desgleichen ohne Nennung des gezählten Gegenstandes:
3 pn „diese 3", Bauer B. 1, 151.
pꜣ 21 „die 21", Math. Handb. Nr. 62.

Beispiele mit pluralischer Schreibung des gezählten Wortes sind:
pꜣ ẖrd·w 3 „die 3 Kinder", Westc. 9, 7.
pꜣ(j)-j ẖrd·w 4 „meine 4 Kinder", Urk. IV 1070.
pꜣ hrw·w 7 „die 7 Tage", Westc. 3, 17.

Dieses Nebeneinander des singularischen Demonstrativs (oder Artikels) und des pluralischen Nomens ist nur verständlich, wenn das Demonstrativum zu dem Zahlwort gehört (das ja seinerseits gleichfalls im Geschlecht mit dem gezählten Worte übereinzustimmen pflegt, wo es möglich ist) und nicht zu dem gezählten Wort, also ebenso, wie es ja auch in der alten Sprache wirklich der Fall gewesen war. Die notwendige Folge davon ist dann aber, daß Demonstrativum und Zahl beim Sprechen einander folgten, oder mit andern Worten, daß das Zahlwort vor dem gezählten Worte gesprochen wurde, also wieder so wie in den Pyramiden.

Der einzige Unterschied gegenüber dem alten Gebrauch wäre dann der, daß die Zahl jetzt nicht mehr als ein Pluralis (Vielheit), sondern als ein Singularis (Quantum) empfunden ward, wie das ja bei den hohen Zahlen wie 100, 1000, 1 000 000 augenscheinlich schon immer der Fall gewesen ist, da sie selbst gezählt wurden (200, 300, 400 usw.) und Plurale bildeten (s. S. 13. 15), sowie das Demonstrativ (*pn* „dieser" S. 13. 47), und das Wort *kj·j* „ein anderer" [2]) in ihren singularischen Formen zu sich nahmen.

Daß diese Erklärung zutrifft, und daß wirklich Demonstrativum und Zahlwort zusammengehören, zeigt nun deutlich ein Beispiel, wo das Zahlwort nicht, wie es bei den Einern der Fall war, mit dem gezählten Worte im Geschlecht übereinstimmt, sondern sein eigenes Geschlecht hat:
t t 100 „die 100 Brote", Math. Handb. Nr. 65.

Hier richtet sich der Artikel (fem. *tꜣ*) des Zahlausdrucks nicht nach dem Geschlecht des mask. Nomens *t* „Brot", sondern nach dem des unveränderlichen Zahlworts *100*, das ebenso wie im Semitischen weiblichen Geschlechts war (*š·t*). Bei dem gleichfalls unveränderlichen Zahlwort *1000*,

---

[1]) Mit der üblichen Voranstellung des Stoffes vor das Maß, die wohl ähnlich zu werten ist wie die Nachstellung der Zahl in den Maßangaben (S. 48/9). Zu lesen wird sein: *ds ḥḳ·t* „Krug Bieres" und *ḥḳꜣ·t jt* „Scheffel von Gerste".

[2]) *k·t 100 r-śꜣ k·t 100* „ein Hundert (viel. Jahre) nach dem andern", Siut IV 25 (Ztschr. f. äg. Sprache 31, 113).

das männlich war (*ḥꜣ*), steht in einer ganz entsprechenden Stelle folgerichtig der mask. Artikel (*pꜣ*):
pꜣ t 1000 „die 1000 Brote", ib. 76.

Etwas anders muß die Sache beim Zahlwort 2 gelegen haben, das, wie das Koptische lehrt, allezeit dem gezählten Worte gefolgt ist und doch den bestimmten Artikel gleicherweise wie die höheren Zahlen in der singularischen Form erhält (s. u.). Hier zeigt die singularische Form, die dabei das gezählte Wort nach dem so konsequent schreibenden Papyrus Westcar im mittleren Reich schon ebenso hatte (S. 48), wie später im Neuägyptischen und Koptischen, daß der ganze Zahlausdruck als eine singularische Einheit gefaßt ist, etwa wie wir von einem Doppeladler, einem Biennium reden. Das hängt ohne Zweifel, wie das Erman längst erkannt hat, mit dem alten Dualis zusammen, der hier ja in der Tat einst sowohl in der Form des gezählten Wortes als in der des Zahlwortes 2 selber vorgelegen hat.

Wenn demnach die Zahlworte für die Einer, die in den Pyramidentexten als Plurale behandelt waren, nunmehr im mittleren Reich und ebenso später als Singulare behandelt erscheinen, so steht das in schöner Übereinstimmung damit, daß die mask. Zahlworte die Pluralendung, die sie ursprünglich gehabt hatten, mit wenigen Ausnahmen früh verloren zu haben scheinen (S. 19).

c) Neuägyptisch.

Im Neuägyptischen, der lebenden Schriftsprache des neuen Reiches, und in seiner Fortsetzung, dem Demotischen, ist gleichfalls ausschließlich Ziffernschreibung für die Zahlworte üblich. Das gezählte Wort erscheint stets in singularischer Form[1]); das Koptische zeigt, daß das nicht bloß Schein ist, sondern daß hier wirklich der Singularis gebraucht wird. Ebenso haben auch Demonstrativ und bestimmter Artikel stets, wie das ja schon im mittleren Reiche üblich war, singularische Form.

[1]) Ausnahmen sind nur scheinbar. Wenn Worte, die mit Zahlen verbunden sind, gelegentlich im Neuägyptischen wie im Demotischen das Pluraldeterminativ zugefügt erhalten, so sind sie deshalb doch noch nicht für Pluralformen zu halten, sondern das Determinativ deutet hier nur an, daß sie pluralische Bedeutung haben. In der Tat verfährt das Neuägyptische ebenso auch sonst, wo die Singularform eines Nomens wie so oft die verlorene Pluralform (im Koptischen werden die meisten Plurale durch den Singularis vertreten, z. B. прωмє „der Mensch", ϩєп-рωмє „Menschen") zu ersetzen hat (siehe mein Verbum I § 190/1). Daß die mit Zahlen verbundenen scheinbaren Plurale in Wahrheit solche pluralisch gebrauchten Singularformen sind, ist recht deutlich an dem Worte *rnp·t* „Jahr" (ромпє) zu sehen, dessen wahrer Pluralis (р̄мпоотє) im Neuägyptischen *rnp·wt* geschrieben wird, während es mit Zahlworten verbunden, oder d. i. *rnp·t* (ромпє) geschrieben wird.

Hinsichtlich der Stellung des Zahlwortes zum gezählten Wort hat sich gegen das mittlere Reich, speziell gegen den Befund im Papyrus Westcar, nichts geändert, was die Zahl 2 und die Maß- und ähnlichen Angaben betrifft. In beiden Fällen wird die Zahl nach wie vor hinter dem gezählten Wort geschrieben.

Beispiele mit dem Zahlwort 2 sind[1]):

sn 2 „2 Brüder", Orb. 1, 1.

k·tj md(·t) 2·t „andere (fem. sing.) 2 Reden", Abbott 6, 12.

pꜣj šwb 2 „diese 2 Perseabäume", Orb. 18, 1; vgl. Amherst 2, 10.

tꜣ is·t 2(·t) „die 2 Stätten", Abbott 5, 6.

sttr 2·t „2 Statere", Ryl. demot. 40, F—H.

pꜣj-f šrj 2 „seine 2 Söhne", Ryl. demot. 9, 11, 11.

tꜣj wdj 2·t „diese 2 Stelen", ib. 21, 10.

pꜣ bjl 2 „die beiden Augen", Demot. Mag. Pap. 13, 12.

Beispiele von Maßangaben u. ä. mit Nachstellung der Zahl sind[2]):

dbn 5 „5 Pfund", Mallet 1, 5.

mḥ 70 „70 Ellen", Harris 500, Verso 5, 5.

rnp·t 4 „4 Jahre", Mallet 1, 3 (als Resultat einer Berechnung).

hrw 40 „40 Tage", Demot. Mag. Pap. 5, 27.

kj ḥtp 16 „andere (sing.) 16 Renten", Ryl. demot. 9, 13, 7.

wꜥb s 20 „Priester, 20 Mann", ib. 13, 8.

mḥ nṯr 40 „40 Gottesellen", ib. 7, 12.

rnp·t 3·t „3 Jahre", Ryl. demot. 34, 3.

tꜣj-k stꜣ(·t) 4·t ꜣḥ „deine 4 Aruren Ackerland", Pap. demot. Kairo 30614, 5 (wo *stꜣ·t* wie so oft unbezeichnet); vgl. Demot. Pap. Berlin 3102, 9.

tꜣ k·tj db·t 4 „die andern 4 Ziegel", Demot. Mag. Pap. 3, 7.

Im übrigen wird jedoch die Zahl im Neuägyptischen auch in der Schrift vor das gezählte Wort gestellt, wie ja das Zahlwort seit alters gesprochen wurde. Bei den Zahlen von 3 bis 9, die je eine männliche und eine weibliche Form besitzen, erfolgt die Aneinanderreihung beider Teile des Zahlausdrucks noch ganz in alter Weise unmittelbar[3]):

3 sp „3 Male", Sall. I 5, 3.

3 šꜣj[4]) „3 Schicksale", Harr. 500, Verso 7, 7.

4 hrw[4]) „4 Tage", Anast. VI 3, 1.

5·t wšb·t „5 Antworten", Abbott 5, 17.

6 ḥtri n iḥ·w „6 Ochsengespanne", Leps. Denkm. III 219e, 19 (Dyn. 20).

6(·t) rnp·t „6 Jahre", Anast. V 13, 7.

---

[1]) Vgl. Erman, Neuäg. Gramm. § 86.

[2]) Vgl. Erman, a. a. O. § 87.

[3]) Vgl. Erman, a. a. O. § 84/5.

[4]) Mit Pluraldeterminativ.

7(·t) rnp·t[1]) „7 Jahre", Orb. 8, 5.
pꜣ 3 iḥw·tj „die 3 Bauern", Bol. II 22.
tꜣ 4·t sḫn(·t)[2]) „die 4 Himmelsstützen", Pap. mag. Harris 6, 7.
tꜣj 4·t rnp·t „diese 4 Jahre", Mar. Abyd. II 35, 23.
tꜣ 7(·t) Ḥ·t-ḥr[2]) „die 7 Hathoren", Orb. 9, 8.

Ebenso im Demotischen:

4·t dni·t[2]) „4 Teile", Ryl. 9, 15 ff., 6.
4 sn[2]) „4 Brüder", ib. 2, 6.
3 r „3 Sprüche", Demot. Mag. Pap. Verso 20, 3.
pꜣ 3 nṯr[2]) „die 3 Götter", Demot. Mag. Pap. 19, 12; vgl. Rhind I d 7, 3.
pꜣ 4 tꜣw „die 4 Winde", Pap. Spieg. 1, 7; vgl. Demot. Mag. Pap. 2, 6.
pꜣj-f 8 irj „seine 8 Genossen", ib. 14, 9.
pꜣ 5 sꜣ[2]) „die 5 Phylen", demot. passim.
pꜣ 5 hrw[2]) „die 5 Tage", Kanop. demot. Tanis 44.

Merkwürdig ist, daß die in all ihren Bestandteilen ganz singularisch gestalteten neuägyptischen Zahlausdrücke ein adjektivisches Attribut gleichwohl in pluralischer Form zugefügt erhalten[3]):

šwb 2 ꜥꜣj·w „2 große Perseabäume", Orb. 16, 10. 17, 1.
tꜣ nṯr·t 2·t ꜥꜣj·w „die 2 großen Göttinnen", Pap. mag. Harris 3, 8/9.
pꜣj 3 dpw[2]) *ꜥꜣj(·w)* „diese 3 großen Blöcke", Tur. 4, 7/8.
pꜣ 7 ḫtm ꜥꜣj·w „die 7 großen Schlösser", Pap. mag. Harris 8, 8/9.

Bei den Zahlen von 10 aufwärts tritt im Neuägyptischen wie auch im Demotischen zwischen das vorangestellte Zahlwort und das im Singularis stehende gezählte Wort der Genitivexponent *n*, der sich ursprünglich im Geschlecht nach dem Regens richtete (mask. *n*, fem. *n·t*), im Neuägyptischen aber bereits zu einer unveränderlichen Partikel *n* geworden ist. Hier liegt also ein partitives Genitivverhältnis vor. Statt „vier Jahre" sagt man „vier von (der Kategorie) Jahr", eine Ausdrucksweise, die an die arabische Konstruktion der höheren Zahlwörter von 100 aufwärts erinnert. Sie hat ihr Seitenstück in der Art, wie der unbestimmte Artikel und der pluralische bestimmte Artikel bei ihrem ersten Aufkommen mit dem Nomen verknüpft wurden. Man sagte damals (im mittleren Reich und im älteren Neuägyptischen)[4]):

wꜥ(j)·w n rmṯ „einer von Mann" für „ein Mann".
wꜥ(j)·t n·t ḥm·t „eine von Frau" für „eine Frau".
nꜣ n ꜥꜣ „dieses von Esel" (so sing.!) für „diese Esel".
nꜣj-f n ẖrd·w „das Seinige von Kindern" für „seine Kinder".

---

[1]) So steht da, nicht *7 n rnp·t*, wie Erman a. a. O. gab.
[2]) Mit Pluraldeterminativ geschrieben.
[3]) Die Singularform des Adjektivs „groß" wird im Neuägyptischen stets ohne *j* geschrieben: *ꜥꜣ* mask. kopt. ⲟ, *ꜥꜣ·t* fem. kopt. ⲱ. Der Pluralis *ꜥꜣj·w* oder *ꜥꜣj(·w)* lautet kopt. ⲟⲓ.
[4]) Siehe Erman, Äg. Gramm.³ § 170. 207.

Auch die Art, wie im Koptischen das adjektivische Attribut mit dem Substantiv verbunden wird, bietet eine gute Analogie dazu:

ⲡⲛⲟϭ ⲛ̄-ⲣⲱⲙⲉ „der große von (der Kategorie) Mann“ für „der große Mann“.

ⲟⲩⲣⲱⲙⲉ ⲛ̄-ⲁⲅⲁⲑⲟⲥ „ein Mann von (der Kategorie) gut“ für „ein guter Mann“.

Es fragt sich nun, ob man nicht die oben besprochene Konstruktion der Einerzahlen mit Voranstellung des Zahlwortes ohne verbindendes *n* vor das singularische gezählte Wort gleichfalls bereits als Genitivverbindung aufzufassen hat. Es könnte dort die ältere Form des Genitivausdrucks vorliegen, bei der das Nomen regens dem Nomen rectum unmittelbar voranging und in dieser Verbindung dann in seiner Vokalisation verkürzt zu werden pflegt (Status constructus). Diese Verkürzung ist in den koptischen Beispielen, in denen sich diese Form des Zahlausdrucks vereinzelt noch erhalten hat, in der Tat bei dem Zahlwort eingetreten. Gegen eine solche Erklärung, die allein das auffallende Eintreten des Singularis statt des in älterer Zeit üblichen Pluralis nach dem Zahlwort begründen würde, könnte man nur das einwenden, daß in der älteren Sprache sonst gerade für den partitiven Genitiv der Gebrauch des Genitivexponenten die Regel ist[1]).

Das älteste Beispiel für die Verknüpfung einer voranstehenden höheren Zahl mit dem gezählten Worte mittels des Genitivexponenten ist neben dem Ausdruck *ḥḥ n sp* „viele Male“ (s. oben S. 13), die oben S. 18 mitgeteilte Stelle, die noch dem Ausgange des mittleren Reiches angehört: *120 n·t ḫ3-t3* „120 von Tausend Land“ (wo die Zahl 120 korrekt als Femininum behandelt ist).

Der religiösen Literatur des neuen Reiches gehört ein Beispiel an, das neben der jungen Konstruktion noch die Verbindung des Zahlwortes mit Possessivsuffix in der Weise der allerältesten Sprache zeigt:

70-k 5 n ḫpri·w[2]) „deine 75 (eig. „deine 70 (und) 5 von“) Gestalten“ und *70-k 5 n ḳrr·t* „deine 75 Höhlen“, Leps. Denkm. Text III 196 (Sonnenlitanei), s. ob. S. 7.

Neuägyptische Beispiele sind[3]):

10 n ʿgrt „10 Lastwagen“ (eig. „10 von Lastwagen“), Leps., Denkm. III 219e, 19 (Dyn. 20).

20 n sp „20 Male“ (eig. „20 von Mal“), Anast. I 7, 7.

30 n dbn „30 Pfund“, Anast. I 10, 5.

30 n rnp·t „30 Jahre“, Orb. 19, 6.

---

[1]) Erman, Äg. Gramm.[3] § 218a.

[2]) Die Endung *w* ist hier nicht die Pluralendung, sondern eine unserer Endung *-ung* entsprechende Ableitungsendung, die mask. Nomina actionis bildet. Diese werden als Abstrakta meist mit dem Pluraldeterminativ geschrieben, ohne Plurale zu sein.

[3]) Vgl. Erman, Neuäg. Gramm. § 85.

23 n hrw „23 Tage“, Anast. VI 2, 4.
100 n sḫ·t „100 Schläge“, Anast. III 6, 10.
20000 n [Hieroglyphe] *n jt* „20000 Sack (zu 4 Scheffel) Gerste“, Harr. 46, 5.

Desgleichen mit dem bestimmten Artikel oder Possessivartikel, der auch bei dieser Konstruktion des Zahlwortes singularische Form hat und sich im Geschlecht nach dem gezählten Worte zu richten scheint[1]):
pꜣ 77 n nṯr „die 77 Götter“ (eig. „der 77 von Gott“), Pap. mag. Harris 6, 6.
pꜣ 500 n tḫbst[2]) „die 500 Säcke“ (eig. „der 500 von Sack“), Harr. 500 V. 2, 4.
pꜣ 1000 n dmj „die 1000 Dörfer“, Kairo 39283 (Spätzeit). [Spieg.]
tꜣj-f 67 n rnp·t „seine 67 Jahre“, eig. „sa 67 d'année“, Mar. Abyd. II 35, 23 (neben *tꜣj 4·t rnp·t* „diese 4 Jahre“ ohne *n*).

Das letztgenannte Beispiel, das das Zahlwort mit dem Possessivausdruck verbunden zeigt, entspricht genau den alten Beispielen der Pyramiden (S. 46); nur daß jetzt, wie fast überall in der Sprache, an die Stelle der alten Suffigierung des Possessivpronomens an das zugehörige Wort (im vorliegenden Falle die Zahl) die moderne Form des Possessivausdrucks mittels Possessivartikels getreten ist.

Demotische Beispiele sind:
10 n wdh „10 Schalen“, Demot. Mag. Pap. Verso 7, 5.
pꜣj-k 42 n nṯr „deine 42 Götter“, Totb. Pamont 1, 27.
pꜣj-k 56 n rmṯ „deine 56 Leute“, Pap. Spieg. 12, 20; ib. 13, 24. 14, 9 ist das *n*, wie so oft im Demotischen, nicht geschrieben.
pꜣ 13 n ꜥꜣm „die 13 Asiaten“, ib. 4, 14 u. ö.
pꜣ 16 n Nꜣj-tbjw·w „die 16 Netbeu“, Demot. Mag. Pap. Verso 33, 5.

Den klaren Beweis dafür, daß auch hier die gelegentlich (auch außerhalb der stets so behandelten Maßangaben, s. S. 52) vorkommenden Ausdrücke mit nachgestellter Ziffer, ebenso wie in den oben (S. 46/7. 50) besprochenen Fällen, nichts als Schriftvarianten der normal gebildeten Zahlausdrücke mit voranstehendem Zahlwort sind, verdanke ich einem freundlichen Hinweis von Spiegelberg. Wie er mir zeigte, bietet das zu Tanis gefundene Exemplar des Dekrets von Kanopus in Z. 29/30 des demotischen Textes dem gesprochenen Wort entsprechend:
pꜣ 20 n wꜥb und *25 n wꜥb* für „die 20 Priester“ und „25 Priester“,
wo das minder sorgfältige Exemplar von Kom el Hisn die abgekürzten Schreibungen: *pꜣ wꜥb 20* und *wꜥb 25* hat[3]).

[1]) Nach dem zweiten und vierten der angeführten Beispiele anzunehmen, wo Zahlwort und gezähltes Wort wenigstens ursprünglich verschiedenen Geschlechtes waren. — Im Koptischen richtet sich der Artikel bei den Zahlausdrücken mit dem Genitivexponenten ⲛ̄- in allen Fällen nach dem Geschlechte des gezählten Wortes.

[2]) Mit Pluraldeterminativ; ib. 2, 12 dasselbe Wort in einem ebenso gebildeten Ausdruck mit der Zahl 200 ohne Pluraldeterminativ.

[3]) Daß Tanis dabei den indeterminierten relativischen Ausdruck für „beratend“ (dem hinter *pꜣ 20 n wꜥb* resp. *pꜣ wꜥb 20* die determinierte Form *ntj mnḳ md* entspricht) hinter

d) Koptisch.

Im Koptischen hat sich gegenüber dem Neuägyptischen nur eins im Gebrauch der Zahlworte geändert. Die eben besprochene Konstruktion mit dem Genitivexponenten *n* ist jetzt auf alle Zahlen von 3 an aufwärts ausgedehnt worden, wobei die Zahlen von 3 bis 10, je nach dem Geschlecht des gezählten Wortes, männliche oder weibliche Form haben. Man sagt also ebensogut:

ϥⲧⲟ ⲛ̄-ϣⲉⲉⲣⲉ „vier Töchter“ (eig. „weibliche vier von Tochter“),
ϯⲟⲩ ⲛ̄-ⲧⲃⲁ „fünf Zehntausende“ (eig. „männliche fünf von Zehntausend“) = 50 000,
ϣⲟⲙⲛ̄ⲧ ⲛ̄-ⲥⲟⲡ „drei Male“ (mask.),
ⲡⲥⲁϣϥ̄ ⲛ̄-ϩⲟⲟⲩ „die sieben Tage“ (mask.),
ⲧⲥⲟ ⲛ̄-ⲣⲟⲙⲡⲉ „die sechs Jahre“ (fem.),

wie man bei höheren Zahlen in Übereinstimmung mit dem Neuägypt. sagt:

ⲡϩⲙⲉ ⲛ̄-ϩⲟⲟⲩ „die vierzig Tage“ (mask.),
ⲧϣⲟ ⲛ̄-ⲣⲟⲙⲡⲉ „die tausend Jahre“ (fem.),
ⲡϣⲉ ⲛ̄-ⲣⲱⲙⲉ „die hundert Leute“ (mask.).

Nur in einigen festen Verbindungen der Zahlen 3 und 4 hat sich ausnahmsweise noch die neuägyptische Konstruktion ohne *n* erhalten. Die Zahlwörter erscheinen dabei infolge der engen und festen Verbindung in verkürzter Form (Status constructus), 3 als ϣⲙⲛ̄ⲧ statt ϣⲟⲙⲛ̄ⲧ, 4 als ϥⲧⲟⲩ statt ϥⲧⲟⲟⲩ. Diese Verbindungen sind:

ϣⲙⲛ̄ⲧ-ϣⲉ „300“, ϥⲧⲟⲩ-ϣⲉ „400“.
ϣⲙⲛ̄ⲧ-ϣⲟ „3000“, ϥⲧⲟⲩ-ϣⲟ „4000“ neben den jüngeren Formen ϣⲟⲙⲛ̄ⲧ ⲛ̄-ϣⲟ, ϥⲧⲟⲟⲩ ⲛ̄-ϣⲟ.

---

seinem *25 n wcb* in der singularischen Form *iw-f mnḳ md* gibt, Kom el Hisn dagegen hinter seinem *wcb 25* in der pluralischen *iw-w mnḳ md*, dürfte mit der Form des Zahlausdrucks im Grunde nichts zu tun haben, sondern auf einer Auffassungsverschiedenheit hinsichtlich des relativischen Ausdrucks beruhen. Der Schreiber von Tanis behandelte die Bezeichnung *wcb iw-f mnḳ md*, „Priester, der berät“ (resp. determiniert *pꜣ wcb ntj mnḳ md*) als einen festen unveränderlichen Titel „beratender Priester“ = βουλευτὴς ἱερεύς, wie die demotischen Titel *rmt iw-f šn* „Mann, der untersucht“ (resp. *pꜣ ntj šn* „der, welcher untersucht“) = ἐπιστάτης, *rmt iw-f šp cḳ* „Mann, der Unterhalt empfängt“ = μισθοφόρος; vgl. dazu die koptischen Ausdrücke ⲛⲓ-ⲣⲉϥ-ⲉⲣ-ⲛⲟⲃⲓ „die Sünder“, eig. „die (plur.) Mann, der Sünde tut“, ϩⲉⲛ-ⲡⲉⲧ-ⲛⲁⲛⲟⲩϥ „Güter“, eig. „einige das, was gut ist“. Der Schreiber von Kom el Hisn dagegen behandelte den Ausdruck noch als freibeweglichen Relativsatz „25 Priester, die beraten“. Hätte Tanis dieselbe Auffassung gehabt, hätte es gleichfalls die pluralische Form anwenden müssen, ebenso wie in dem Relativsatz *ntj iw-w stp-w* „welche ausgewählt werden“, der bei ihm dem *pꜣ 20 n wcb ntj mnḳ md* „die 20 beratenden Priester“ folgt. Denn die Zahlausdrücke mit voranstehendem Zahlwort werden ja, vom Artikel abgesehen, im übrigen stets als Plurale behandelt.

ⲡⲉϥⲧⲟⲩ-ⲑⲏⲟⲩ „die vier Winde“; vgl. die gleichlautende demot. Form S. 53.
ϥⲧⲟⲩ-ⲥⲁ „vier Seiten“ (Stern, Ztschr. f. äg. Spr. 24, 61, 7).
ⲡⲉϥⲧⲟⲩ-ⲗⲁⲕϩ „die vier Ecken“.

Die Ausdehnung des Gebrauchs der Anknüpfung des gezählten Wortes mittels des Genitivexponenten *n* auf die Einerzahlen läßt sich übrigens auch schon in dem jüngsten Sprachdenkmal in demotischer Schrift, das wir besitzen, dem magischen Papyrus von Leiden und London aus dem 3. nachchristlichen Jahrhundert, nachweisen:
3 n ikjm „3 Schilde“, Demot. Mag. Pap. 21, 10.
tȝ 7·t n p·t „die 7 Himmel“, ib. 32, 7.
9·t n blbjlj·t „9 Körner“, ib. 21, 16; vgl. ib. 15, 2.
6 n jbd „6 Monate“, ib. Verso 13, 5.

Es ist möglich, daß auch in den analogen Stellen desselben Buches, 19, 35. 24, 23. 10, 26. 27, 4, das dort fehlende *n* beim Lesen zu ergänzen ist, wie das im Demotischen oft der Fall ist.

Die oben (S. 56) angeführten koptischen Beispiele zeigen deutlich, daß sich der Artikel des Zahlausdrucks jetzt wirklich nur noch nach dem Geschlecht des gezählten Wortes richtet, und daß also die höheren Zahlen, die nur eine Form besaßen, geschlechtlos geworden sind[1]. Sonst könnte nicht ϣⲉ „hundert“, das ursprünglich Femininum war, mit dem mask. Artikel ⲡ, ϣⲟ „tausend“, das ursprünglich Maskulinum war, mit dem fem. Artikel ⲧ verbunden werden.

Das Zahlwort 2 hat auch im Koptischen noch immer seine alte Eigentümlichkeit bewahrt, daß es dem gezählten Worte folgt. Dieses hat auch hier wieder singularische Form; ebenso der Artikel oder das Demonstrativ, die dem ganzen Ausdruck vorangehen[2]:
ⲧⲃ̄ⲧ ⲥⲛⲁⲩ „zwei Fische“.
ⲡⲣⲱⲙⲉ ⲥⲛⲁⲩ „die zwei Männer“.
ϯⲥϩⲓⲙⲓ ⲃ̄ϯ (lies ⲥⲛⲟⲩϯ; ⲃ̄ ist die Ziffer 2) „die beiden Frauen“ (boh.).
ⲧⲉⲓ-ⲛ̄ⲧⲟⲗⲏ ⲥⲛ̄ⲧⲉ „diese beiden Gebote“ (sah.).

Nur selten beginnt im bohairischen Dialekt auch dieses Zahlwort schon dem Beispiel der andern zu folgen[3]:
ⲡⲁⲓ ⲃ̄ ⲛ̄-ⲗⲟⲅⲟⲥ „diese 2 Reden“.
ⲥⲛⲁⲩ ⲛ̄-ϣⲉ „zweihundert“, ⲥⲛⲁⲩ ⲛ̄-ϣⲟ „zweitausend“ neben ϣⲉ ⲥⲛⲁⲩ, ϣⲟ ⲥⲛⲁⲩ.

---

[1]) In den zusammengesetzten Zahlen, die die Vielfachen von 100 bezeichnen, erscheint ϣⲉ „100“ ebenso wie ϣⲟ „1000“, als Maskulinum behandelt. Es heißt z. B. ϥⲧⲟⲟⲩ ⲛ̄-ϣⲉ oder ϥⲧⲟⲩ-ϣⲉ für 400, ϯⲟⲩ ⲛ̄-ϣⲉ für 500, ⲥⲟⲟⲩ ⲛ̄-ϣⲉ für 600 mit den mask. Formen der Zahlworte 4, 5, 6 anstatt der fem. Formen ϥⲧⲟ, ϯⲉ, ⲥⲟ. Ebenso in dem jüngeren ϣⲉ ⲥⲛⲁⲩ = 200, das die ältere dualische Form ϣⲏⲧ gelegentlich vertritt.

[2]) Stern, Kopt. Gramm. § 232.

[3]) Stern a. a. O. und § 279.

Übersicht über die Konstruktion der Kardinalzahlworte.

	Altes Reich	Mittleres Reich	Neuägyptisch	Koptisch
2	*ỉs·wj śn·wj* = def. *ỉs 2* „zwei Gräber“ *sꜣ·tj śn·tj* = def. *sꜣ·t 2* „zwei Töchter“	*wjꜣ 2* „2 Schiffe“	*pꜣj šwb 2* „diese zwei Perseas“ *tꜣ ỉs·t 2·t* „die 2 Stätten“	ⲡⲣⲱⲙⲉ ⲥⲛⲁⲩ „die zwei Leute“ ⲧⲉⲥϩⲓⲙⲉ ⲥⲛ̄ⲧⲉ „die zwei Frauen“ (sah.)
3—9	*fd·w-k ỉp·w ḥr·w* = def. *ḥr 4-k ỉp·w* „diese deine vier Gesichter“ *fd·t-k ỉp·t·w nmś·wt* = def. *nmś·t 4·t-k ỉp·t·w* „diese deine vier Krüge“	*pꜣ ḫrd·w 3* = def. *pꜣ ḫrd 3* „die 3 Kinder“ lies *pꜣ ḫmt ḫrd·w*	*pꜣ 6 rmt* „die 6 Leute“ *tꜣj 4·t rnp·t* „diese 4 Jahre“	ⲡⲉϥⲧⲟⲩ-ⲑⲏⲩ „die vier Winde“ ⲡⲉϥⲧⲟⲟⲩ ⲛ̄-ⲣⲱⲙⲉ „die vier Leute“ (dies das Gewöhnliche) ⲧⲉϥⲧⲟ ⲛ̄-ⲣⲟⲙⲡⲉ „die vier Jahre“
10—99		*pꜣ ḥśb 11* „die 11 Arbeiter“ lies *pꜣ 11 n ḥśb?* *70-k 5 n ḳrr·t* „deine 75 Höhlen“	*pꜣ 77 n nṯr* „die 77 Götter“ *tꜣj-f 67 n rnp·t* „seine 67 Jahre“	ⲡⲉϩⲙⲉ ⲛ̄-ϩⲟⲟⲩ „die vierzig Tage“ ϯⲙⲏϯ ⲙ̄-ⲃⲁⲕⲓ „die zehn Städte“ (boh.)
100—999	[*300 m ꜥꜣ ꜣṯp·t*] = def. *ꜥꜣ 300 ꜣṯp·t* „300 beladene Esel“	*120 n·t ḫꜣ-tꜣ* „120 Tausend Land“ *tꜣ t 100* „die 100 Brote“ lies *tꜣ 100 n·t t?*	*pꜣ 500 n tḫbst* „die 500 Säcke“ *100 n sḫ·t* „100 Hiebe“	ⲡϣⲉ ⲛ̄-ⲣⲱⲙⲉ „die hundert Leute“ ⲧϣⲉ ⲛ̄-ⲣⲟⲙⲡⲉ „die hundert Jahre“
1000 und höher	*ḫꜣ-k m t* = def. *t-k 1000* „deine tausend Brote“ *ḥḥ m ḥb-śd* „eine Million Jubiläen“ *ḥḥ n sp* „eine Million Male“	*ḥḥ n sp* „eine Million Male“ *ḫꜣ-k pn n rnp·t* „diese deine tausend Jahre“ (fem.) *pꜣ t 1000* „die 1000 Brote“ lies *pꜣ 1000 n t ?*	*20 000 n* [illegible] „20 000 Sack“	ⲡϣⲟ ⲛ̄-ⲣⲱⲙⲉ „die tausend Leute“ ⲧϣⲟ ⲛ̄-ⲣⲟⲙⲡⲉ „die tausend Jahre“

e) Zahlausdrücke mit unbestimmtem Artikel.

Die singularische Auffassung aller Zahlausdrücke in der jüngeren ägyptischen Sprache tritt recht deutlich auch darin hervor, daß die indeterminierten Zahlausdrücke gelegentlich überflüssigerweise den unbestimmten Artikel *wc* „ein", kopt. ⲟⲩ, eig. das Zahlwort „eins" (**wăcjew*) erhalten. Man sagt so auch:

neuäg. *wc 10 n ꜣpd* „eine 10 Gänse"[1]) neben *10 n ꜣpd* „10 Gänse".
demot. *wc·t rnp·t 2·t* „eine 2 Jahre"[2]) neben *rnp·t 2·t* „2 Jahre".
1 rdb sw 4 „eine 4 Artaben Weizen"[3]) neben *rdb sw 4* „4 Artaben Weizen".
kopt. boh. ⲟⲩϣⲟ ⲛ-ⲣⲟⲙⲡⲓ „ein Tausend Jahre"[4]) neben ϣⲟ ⲛ̀-ⲣⲟⲙⲡⲓ „tausend Jahre".

---

[1]) Erman, Neuäg. Gramm. § 88.

[2]) Papyrus dem. Reinach 1, 9.

[3]) Pap. demot. Kairo 30615, 14; vgl. meinen Kommentar zu den Demot. Bürgschaftsurkunden, Urk. 1, § 10.

[4]) Stern, Kopt. Gramm. § 281.

III. Bruchzahlen.

1. Das Rechnen mit Stammbrüchen.

Ägypter.

Die alten Ägypter kannten resp. gebrauchten mit wenigen später zu nennenden Ausnahmen ($^2/_3$, $^3/_4$) keine gemischten Brüche, sondern nur Stammbrüche, Brüche mit dem Zähler 1[1]).

Da wo beim Rechnen gemischte Brüche entstehen mußten, also etwa bei der Division von 5 durch 7, drückt der Ägypter das Resultat in mehreren zueinander zu addierenden Stammbrüchen (dazu $^2/_3$) aus. Die einzelnen Brüche dieser Stammbruchreihe werden genau, wie es bei der Schreibung der ganzen Zahlen üblich war (S. 7), einfach hintereinander geschrieben, der größere vor dem kleineren, zum Zeichen, daß sie addiert werden sollen. Man sagt also: $^1/_2$ $^1/_{14}$ statt $^4/_7$, $^1/_3$ $^1/_4$ statt $^7/_{12}$, $^1/_3$ $^1/_{12}$ statt $^5/_{12}$, $^1/_2$ $^1/_{15}$ statt $^{17}/_{30}$.

Wir begreifen nicht, daß Menschen, wenn sie 5 durch 7 teilten und dabei $^1/_7$ $^1/_7$ $^1/_7$ $^1/_7$ $^1/_7$ erhielten, wie es die Ägypter taten[2]), nicht zur Summierung dieser 5 gleichartigen Additionsposten geschritten sind und so den viel einfacheren Ausdruck $^5/_7$ gefunden haben, zumal sie doch gewiß oft im praktischen Leben, z. B. bei Erbteilungen, von einem Drittel, einem zweiten und dritten Drittel gesprochen haben[3]). Wir verstehen es nicht, wie jemand wohl wissen kann, daß das, was er durch $^2/_3$ $^1/_{15}$ ausdrückt, 11 Teile bilden, die durch 4 Teile zu einem Ganzen ergänzt werden, und doch nicht $^{11}/_{15}$ dafür sagt[4]).

---

[1]) Cantor, Gesch. d. Mathem.[3] I S. 59 ff. Hultsch, Die Elemente der äg. Teilungsrechnung, Abh. d. Sächs. Ges. d. Wiss. Bd. XVII 1 (1895).

[2]) Erman, Ägypten und äg. Leben II 489.

[3]) So heißt es in einem demotischen Erbteilungsvertrage: „je ein $^1/_4$ Teil (*wc·t dni·t* $^1/_4$) auf einen jeden von uns“, und ebenda „ich habe dir den (dir zufallenden) $^1/_4$ Teil (*tꜣ dni·t* $^1/_4$) der und der Dinge gegeben“ ***ntj-iw wn mtw-j*** (ⲉⲧⲉⲟⲩⲛ̄ⲧⲁⲓ) ***tꜣj-w k·t dni·t*** $^1/_4$ „deren anderer $^1/_4$ Teil mir gehört“, d. h. von denen mir als mein Erbteil auch $^1/_4$ gehört, Pap. demot. Kairo 30602, 8; vgl. auch unten III 5 unter „Stammbrüche mit ⲧⲉⲣⲉ“.

[4]) Math. Handb. ed. Eisenlohr, Taf. 10, Nr. 21.

Tatsache ist aber, daß die Ägypter während des ganzen Verlaufs ihrer Geschichte an der Zerlegung der Divisionsresultate in Stammbrüche festgehalten haben. Sie ist in den demotischen Urkunden der Ptolemäerzeit noch ebenso ausschließlich in Gebrauch wie in den alten hieroglyphischen und hieratischen Texten. Auch das Koptische, die Sprache der christlichen Ägypter, bedient sich ihrer noch ebenso. Ja, sie soll selbst den modernen Kopten noch vertraut sein[1]).

Nur ein Ansatz zur Benutzung gemischter Brüche — und nicht mehr — ist es, wenn sich in einer demotischen Erbteilungsurkunde die folgende Umrechnung einer Stammbruchreihe, die sich gerade dadurch als das Landläufige erweist, findet:

t:j-j dni·t[2]) 1/3 1/15 *ntj ir dni·t*[2]) *2·t ẖnw 5·t [n n:]* ϲ·*wj·w* (ⲏⲓ) „mein 1/3 + 1/15 Teil, der macht 2 Teile von fünfen von den Häusern (und den andern Dingen)", Pap. Brüssel 3, 8.

Ähnlich heißt es in einer anderen demotischen Urkunde aus der frühen Kaiserzeit:

t:j-j dni·t 2·t i·[ir] pḥ r-j ẖnw t: dni·t 7·t p:j-n itf·t p:j ϲ·*wj* (ⲏⲓ) „meine 2 Teile, die an mich gefallen sind, von den 7 Teilen unseres Vaters von jenem Hause", Ryl. 45, 6, griech. τὰ ὑπάρχοντά μοι μέρη δύο ἀπὸ μερῶν ἑπτὰ οἰκίας.

So sagt der Grieche ja auch sonst τὰ δύο τῶν πέντε μερῶν für 2/5 und der Araber *ṯalāṯatu ɔagzāɔin min cišrīna guzɔan* „3 Teile von 20 Teilen" für 3/20 [3]).

Und wir selbst sagen ähnlich „drei vom Hundert" statt 3/100, wofür das Demotische ein Analogon bietet in:

p:j-w 5 n 100 „ihr (des vorhergenannten Betrages) 5 auf 100" d. i. 5 Prozent davon[4]).

In solchen partitiven Ausdrücken liegen aber noch lange keine gemischten Brüche vor, wie es unsere Zahlausdrücke 2/5, 3/20, 3/100 sind. Sie sind so wenig Bruchbezeichnungen, wie es Ausdrücke wie „2 von meinen 5 Brüdern", „3 von den 20 Äpfeln" sind. Immerhin kann man darin aber den Ansatz zu einer neuen Bruchbezeichnung, die Vorstufe zum gemischten Bruch, erblicken. Sie stellen in der Tat eine Art Umschreibung des fehlenden gemischten Bruches dar.

Beachtenswert für die richtige Bewertung derartiger Angaben ist ein anderer, gleichfalls einer demotischen Urkunde (Anfang des letzten Jahrhunderts vor Christus) zu entnehmender Fall, wo es ein Stammbruch ist, der in gleicher Weise umschrieben wird:

---

[1]) Sir Herbert-Thompson in Ancient Egypt 1914, 54.
[2]) Zu dieser Lesung des Wortes „Teil" (ⲧⲟⲉ) s. u. III 6.
[3]) Caspari, Arab. Gramm.[5] § 334.
[4]) Brugsch, Gramm. démot. § 148.

tꜣj-n dni·t 1/4 *ntj ir dni·t 1·t ẖnw dni·t 4·t pꜣ ꜥ·wj* (ΗΙ) „unser 1/4 Teil, der 1 Teil macht von 4 Teilen des Hauses“, Kairo 30612b, 2.

Hier erscheint der alte Ausdruck für 1/4, der, wie wir sehen werden, unserm *der vierte Teil* entspricht, umschrieben durch einen jüngeren, der unserm *ein Viertel* näher kommt.

Es darf übrigens auch nicht übersehen werden, daß in allen angeführten Fällen das zu diesen Bruchumschreibungen verwendete Wort „Teil“ (*dni·t*) die Bedeutung des Anteils an einer Sache, des Erbteiles, hat.

Die Tatsache, daß die Ägypter bis in die spätesten Zeiten nur mit Stammbrüchen gerechnet haben, so unbequem das sein mußte, führt mit Notwendigkeit darauf, daß die Idee des gemischten Bruches nicht nur ihnen, sondern auch den andern Völkern, mit denen sie in Berührung kamen, insbesondere den Semiten und den Griechen, durch das ganze Altertum hindurch fremd gewesen sein muß. Er mag der wissenschaftlichen Mathematik, gewissermaßen als eine bequeme Formel (etwa wie unsere Sinusregeln und Logarithmenzahlen), bekannt gewesen sein; im Rechnen des Volkes und in seiner Sprache muß er aber ungebräuchlich gewesen sein.

Hebräer.

Das bestätigt denn auch der Befund durchaus. Im Althebräischen, im Alten Testament und den Inschriften, kommen gemischte Brüche — von den unten zu besprechenden „Komplementbrüchen“ 2/3, 3/4 immer abgesehen — nicht vor, sondern nur Stammbrüche wie 1/3, 1/5, 1/10 (Beispiele s. u. Abschnitt 6).

Griechen.

Und ebenso steht es mit dem Griechischen. Die griechischen Papyri und anderen Texte, die aus Ägypten kommen, kennen außer dem Bruch 2/3 ausschließlich Stammbrüche, die sie nur mit dem Nenner und übergesetztem wagerechten Strich ($\bar{\upsilon}$ = 1/3, $\bar{\delta}$ = 1/4)[1]) oder angesetztem schrägen Strich (ϒ′ = 1/3, ϵ′ = 1/5)[2]), gelegentlich auch ohne ein solches diakritisches Zeichen[3]) schreiben. Statt der gemischten Brüche gebrauchen sie, ganz wie die Ägypter, Stammbruchreihen. 7/8 wird ausgedrückt durch 1/2 1/4 1/8, 3/4 durch 1/2 1/4[4]).

Hier könnte man ja zur Not, wenngleich das recht unwahrscheinlich wäre, an einen lokalen, unter national-ägyptischem Einfluß stehenden Ge-

---

[1]) Wilcken, Grundzüge der Papyruskunde S. XLVI. Vgl. auch Hultsch, Metrol. script. I 174.

[2]) So z. B. auf der von Sir H. Thompson veröffentlichten byzantinischen Bruchtafel, von der später in Abschn. 2 noch zu reden sein wird.

[3]) Natürlich nur, wo ein Mißverständnis ausgeschlossen ist, wie z. B. auf der von Crum veröffentlichten Bruchtafel, s. u. Abschn. 2.

[4]) Wilcken a. a. O.

brauch denken. Aber auch die griechischen Schriftsteller und die attischen Inschriften kennen keinen andern Gebrauch der Brüche. Er ist also gemeingriechisch[1]).

Wenn in mathematischen Texten gemischte Brüche vorkommen, wie $\frac{\rho\kappa\eta}{\rho} = \frac{100}{128}$[2]) oder ιζ′ κα″ κα″ = $^{17}/_{21}$[3]), so ist das nicht weiter verwunderlich. Mitunter darf man sich aber fragen, ob hier wirklich schon gemischte Brüche vorliegen oder ob nicht vielmehr Ausdrücke gemeint sind, wie „128 in 100“ oder „17 geteilt durch 21“, also umschreibende Ausdrücke, die eigentlich nicht die Lösung der Divisionsaufgabe, wie sie der gemischte Bruch darstellt, enthalten, sondern die Aufgabe selbst nennen; vgl. das τῶν γ τὸ δ′ „der 4. Teil von 3“ statt $^3/_4$ in dem mathematischen Handbuch von Achmim[4]) und das *dierum quinque undevicensimam* „den 21. Teil von 5 Tagen“ statt „$^5/_{21}$ Tag“, *dierum duum et viginti partem undesexagesimam* für $\frac{22}{59}$ Tag bei Censorinus[5]).

Sehr bemerkenswert ist, daß griechische Mathematiker wie Heron von Alexandria beim Rechnen noch durchaus in der gleichen Weise, wie ihre altägyptischen Vorgänger mit den Stammbruchreihen (und $^2/_3$) operieren. Heron berechnet den Umfang eines Abschnittes auf 46 $^1/_2$ $^1/_4$ $^1/_8$ statt auf 46 $^7/_8$ Fuß[6]). Er schreibt für $^{43}/_{224}$ die oben Anm. 1 angeführte Stammbruchreihe $^1/_7$ $^1/_{28}$ $^1/_{112}$ $^1/_{224}$. Für $^{13}/_{15}$ schreibt er entweder in der gewöhnlichen Additionsreihe von Stammbrüchen $^2/_3$ $^1/_5$, oder in einer Subtraktionsreihe 1—$^1/_{10}$—$^1/_{30}$[7]). Bei der Division von 25 durch 13 erhält er als Resultat 1 $^1/_2$ $^1/_3$ $^1/_{13}$ $^1/_{78}$[8]) und erklärt das durch ἤτοι μονὰς μία καὶ λεπτὰ ιγ″ ιγ″ ιβ′ „also 1 $^{12}/_{13}$“[9]).

[1]) Hultsch, Metrol. scriptores I 174/5: „Notum est Graecos fere semper ita expressisse fractos numeros, ut simplices partes enumerarent: ζ″ κη″ ριβ″ σκδ″ = $\frac{43}{224}$“.

[2]) Wilcken a. a. O.; ferner Hultsch in Pauly-Wissowas Realenzyklopädie II 1078.

[3]) Hultsch, Metrol. script. a. a. O.

[4]) Baillet, Mém. de la Mission arch. franç. au Caire 9, 37.

[5]) Friedlein, Die Zahlzeichen und das elementare Rechnen der Griechen und Römer S. 41/2.

[6]) Cantor, Gesch. d. Mathem.[3] I S. 395.

[7]) Cantor a. a. O. S. 398.

[8]) Es ist interessant, zu sehen, wie Heron diese Aufgabe „25 geteilt durch 13“ ausrechnet und das obige Resultat gewinnt (Friedlein a. a. O. S. 79). Es geschieht mit Hülfe von Erweiterungen (vgl. dazu Hultsch, Elemente der äg. Teilungsrechnung S. 25):

25 : 13
13 : 13 = 1
12 : 13 = 24 : 26
13 : 26 = $^1/_2$
11 : 26 = 33 : 78
26 : 78 = $^1/_3$
6 : 78 = $^1/_{13}$
1 : 78 = $^1/_{78}$

Resultat: 1 $^1/_2$ $^1/_3$ $^1/_{13}$ $^1/_{78}$.

[9]) Friedlein a. a. O. S. 56.

Hier läßt nun ja der Ausdruck keinen Zweifel, daß wirklich schon ein gemischter Bruch, wie wir sie gebrauchen, vorliegt. Ebenso kommt bei Archimedes in Worten geschrieben δέκα ἑβδομηκοστόμονα $= \frac{10}{71}$ u. ä. vor[1]).

Daß die griechischen Mathematiker, trotzdem sie, wie diese und andere Beispiele zeigen, die Idee des gemischten Bruches längst kannten, doch an der alten Rechnungsweise mit Stammbruchreihen festgehalten haben, mag einerseits darin seinen Grund gehabt haben, daß diese Reihen ähnlich wie unsere Dezimalbrüche ein leichtes Abrunden durch Weglassen der kleinsten Brüche ermöglichten[2]); andererseits wird dazu aber wohl hauptsächlich das beigetragen haben, daß tatsächlich die Stammbruchrechnung so tief in der Sprache und im Denken des Volkes wurzelte, daß sie noch Jahrhunderte lang später als die gewöhnliche und natürliche Rechenweise gegolten hat.

Für die griechisch redende Bevölkerung Ägyptens der byzantinischen Zeit wird das Rechnen mit Stammbruchreihen durch die unten zu besprechende Bruchtafel im University-College zu London, die Sir H. Thompson veröffentlicht hat, und das von Baillet herausgegebene Achmimer Rechenbuch (Mém. Miss. arch. franç. au Caire 9, 1—88)[3]) bezeugt.

Römer.

Bei den Römern war bekanntlich die Rechnung nach Zwölfteln (*uncia*) üblich, die derart eingebürgert war, daß man sogar für $1/8$ zu sagen pflegte $1\,1/2$ Zwölftel (*sescuncia, sescunx*)[4]). Die Sprache besaß nämlich nicht nur Namen für die einzelnen Vielfachen des Zwölftels, also für gemischte Brüche mit dem Nenner 12, sondern auch für die Bruchteile (Stammbrüche) des Zwölftels ($1/24$, $1/48$ usw.). Das alles erklärt sich daraus, daß das Wort für das Zwölftel (*uncia*) ursprünglich nicht eine Bruchzahl gemeinhin bezeichnet hatte, sondern den Bruchteil eines Maßes, des *as*. Die *uncia* war also ursprünglich nur soweit $1/12$, wie die *Minute* $1/60$, der *Pfennig* $1/100$, der *shilling* $1/20$ eines bestimmten Maßes (der Stunde, der Mark, des Pfund Sterling) bezeichnet. So sind also die lateinischen Benennungen *quincunx* für $5/12$, *septunx* für $7/12$, *decunx* für $10/12$ eigentlich ebensowenig gemischte Brüche gewesen, wie etwa 5 Minuten, 7 Pfennige, 10 shilling als gemischte Brüche gelten können. Es waren Multiplikationen einer Einheit, der *uncia*, d. i. des $1/12$ As, die erst später auf den zwölften Teil anderer Dinge übertragen worden ist.

---

1) Hultsch, Elemente der äg. Teilungsrechnung S. 58.

2) Hierauf wies mich mein Kollege F. Bernstein hin.

3) Vgl. dazu Cantor, Gesch. d. Mathem.[3] I 505.

4) Cantor, Gesch. d. Mathem.[3] I 525.

Die Bezeichnungen für die übrigen Vielfachen der *uncia*, des 1/12, sind teils augenscheinlich uralte Stammbruchbezeichnungen:

2/12 *sextans*, eig. 1/6. 3/12 *quadrans*, eig. 1/4.
4/12 *triens*, eig. 1/3. 6/12 *semis*, eig. 1/2

teils „Komplementbrüche" (s. dazu u. Abschn. 6):

8/12 *bes*, eig. 2/3 (*binae partes*).
9/12 *dodrans*, eig. 1—1/4 (*de quadrans*).
10/12 *dextans* (gebräuchlicher als *decunx*), eig. 1—1/6 (*de sextans*).
11/12 *deunx*, eig. 1—1/12 (*de uncia*),

also durchaus dementsprechend, was wir für die Ägypter, Hebräer und Griechen feststellen konnten, resp. noch weiter unten festzustellen haben werden.

Daß die Römer im übrigen noch durchaus im Banne der alten Stammbruchrechnung lebten, lehren viele Tatsachen[1]).

So, um von dem eben Besprochenen auszugehen, zunächst gleich das, daß man statt *decunx* oder *dextans* (10/12 = 5/6) im gewöhnlichen Leben (vielleicht nur in älterer Zeit?) *semis et triens*, also 1/2 + 1/3, sagte[2]). Ferner, daß man für

septunx	(7/12)	in Zahlen	1/2 1/12,	das wäre also	*semis et uncia*	(1/2 1/12),
bes	(8/12)	„	1/2 2/12,	„ „	*semis et sextans*	(1/2 1/6),
dodrans	(9/12)	„	1/2 3/12,	„ „	*semis et quadrans*	(1/2 1/4)

schrieb[3]). Daß man einstmals auch wirklich so gesprochen hat, läßt das eben angeführte, ganz analoge *semis et triens* annehmen.

Plinius (nat. hist. VI 210) berechnet aus gewissen Voraussetzungen über die Größenverhältnisse der Erdteile, daß Europa etwas mehr als 1/3 + 1/8 der ganzen Erde bilde (*totius terrae tertiam esse partem et octavam paulo amplius*), Asien 1/4 + 1/14 (*quartam et quartam decimam*), Afrika 1/5 + 1/60 (*quintam et insuper sexagesimam*)[4]).

Columella berechnet den Inhalt des gleichseitigen Dreiecks als 1/3 + 1/10 des Quadrates seiner Seite, statt auf $\frac{13}{30}$ [5]).

Ebenso verfahren alle lateinischen Schriftsteller mit den Bruchteilen der Unze (1/12 As), indem sie z. B. ℒƆ∋, d. i. 1/24 1/48 1/288 statt 19/288 As

[1]) Die damit gewissermaßen in Widerspruch stehende Zählung der Teile, die wir oben bei den Ägyptern (z. B. bei Erbteilungen) feststellen konnten, findet sich ebenso auch bei den Römern. So heißt es z. B. bei Caesar, bell. Gall. I 31, Ariovist habe *tertiam partem* des Ackerlandes der Sequaner besetzt und heiße nun die Sequaner *altera parte tertia decedere* „einen andern dritten Teil zu räumen".

[2]) Friedlein a. a. O. S. 35. Forcellini, Lex. lat. V 435 (z. B. *C. Gracchus legem tulit frumentariam, ut semisse et triente frumentum plebi daretur*, Livius, Epitome 60).

[3]) Friedlein a. a. O. S. 97.

[4]) Friedlein a. a. O. S. 90/1.

[5]) Cantor a. a. O. S. 549.

schreiben. Erst der Hildesheimer Silberfund und der unter Nerva schreibende Frontinus schreiben £ ∋ VII, d. i. $^1/_{24}$ $^7/_{288}$, machen sich von der Stammbruchzerlegung also wenigstens für den kleinsten Bruchteil ($^1/_{288}$) des As frei, wenn sie sie im übrigen auch nach wie vor noch anwenden[1]).

In dem Rechnungsbuche des Victorius (um 440 n. Chr.) finden wir Zahlen wie 852 $^1/_3$ $^1/_{24}$, 378 $^1/_4$ $^1/_8$ $^1/_{48}$, 1230 $^1/_2$ $^1/_4$ $^1/_{48}$ [2]).

Bei Censorinus (238 n. Chr.) finden wir außer den oben S. 63 erwähnten Umschreibungen den Komplementbruch *tres quadras* für $^3/_4$ [3]), seiner Form nach unzweifelhaft schon ebenso ein echter gemischter Bruch wie unser *drei Viertel*, franz. *les trois quarts*.

Daß die Stammbruchrechnung in der lateinischen Sprache nicht minder tief wurzelte als im Griechischen, in allen andern uns bekannten Sprachen der alten Welt und in unseren eigenen germanischen Sprachen, lehren, wie wir später sehen werden, die nicht auf das As Bezug nehmenden jüngeren Bruchbezeichnungen *tertia pars*, *quarta pars* usw. für $^1/_3$, $^1/_4$.

Araber.

Von den Völkern des vorderen Orients wandten die Araber die Rechnung mit Stammbruchreihen wie die alten Ägypter (und vermutlich auch die Hebräer) an, nur mit einem Unterschiede: Da ihre Bruchbezeichnungen nur bis zum $^1/_{10}$ hinabgingen und daher Brüche mit einem größeren Nenner als 10 in ihrer Sprache unausdrückbar waren („stumme Brüche"), pflegte man, wo solche Brüche in einer Stammbruchreihe vorkamen, sie, wo es ging[4]), durch Bruchteile ausdrückbarer Brüche zu bezeichnen, also z. B. $^1/_{20}$ durch „$^1/_2$ des $^1/_{10}$" (*niṣfu 'l-cušri*), $^1/_{100}$ durch „$^1/_{10}$ des $^1/_{10}$" (*ušru 'l-cušri*).

So sagen die Araber, nach einem freundlichen Hinweise von Enno Littmann, dem ich auch die vorstehenden Beispiele verdanke, für:

$^3/_4$ „$^1/_2$ und $^1/_4$" (*niṣfun wa-rubcun*).

$^2/_3$ „$^1/_2$ und $^1/_6$" (*niṣfun wa-sudsun*).

$^8/_{15}$ „$^1/_2$ und $^1/_3$ eines $^1/_{10}$" (*niṣfun wa-ṯulṯu cušrin*), also $^1/_2 + ^1/_{30} \left(= \frac{15+1}{30}\right)$.

$^{53}/_{60}$ „$^1/_2$ und $^1/_3$ und $^1/_2$ eines $^1/_{10}$" (*niṣfun wa-ṯulṯun wa-niṣfu cušrin*), also $^1/_2 + ^1/_3 + ^1/_{20} \left(= \frac{30+20+3}{60}\right)$.

Diese Bruchreihenrechnung scheint auch bei den Mathematikern der Abbasidenzeit (9. Jahrh. n. Chr.) noch nicht ganz überwunden zu sein. Wenn einer von ihnen in dem Buch von der „Vermehrung und Ver-

[1]) Das Vorstehende nach R. Schöne, Hermes 3, 474.

[2]) Friedlein a. a. O. S. 88.

[3]) Friedlein a. a. O. S. 41.

[4]) Es ging z. B. nicht, wenn der Nenner eine Primzahl, wie 17, 19, 23, 29 usw. war.

minderung“ in einer Rechenaufgabe von 24 den dritten (8) und vierten Teil (6), zusammen 14, wegnehmen läßt, anstatt $^7/_{12}$ abzuziehen, oder ein andermal eine unbekannte Größe suchen läßt, von der 8 übrig geblieben sei, nachdem ihr Drittel und ihr Viertel, statt wiederum $^7/_{12}$, weggenommen sei[1]), so setzt das offenbar noch ganz die alte Rechenweise voraus, wie sie die Ägypter gebrauchten; vgl. die Subtraktionsreihe $1-{}^1/_{10}-{}^1/_{30}$ für $^{13}/_{15}$ bei Heron oben S. 63.

Bei den Arabern sind für die gemischten Brüche noch heute Bruchzahlzeichen in Gebrauch, die auf der Zerlegung in Stammbrüche beruhen (s. unsere Tafel III):

∟∵ = $^5/_6$ ist ∟ = $^1/_2$ und ∵ = $^1/_3$.

∟̲ = $^3/_4$ ist ∟ = $^1/_2$ und ∕ = $^1/_4$.

Man liest diese Brüche aber als regelrechte gemischte Brüche: „fünf Sechstel“ (*ḫamsat ɔasdās*) und „drei Viertel“ (*talāṭat ɔarbāc*)[2]). Nach den Formen, die die Bruchzeichen z. T. haben (insbesondere die speziell in Syrien gebräuchliche Nebenform für $^1/_3$), wäre es nicht unmöglich, daß sie direkt auf die ägyptisch-demotischen Bruchzeichen zurückgingen.

Babylonier.

Bei den alten Babyloniern scheint etwas Ähnliches wie bei der Zwölftelrechnung der Römer vorzuliegen, wenn sie die einfachsten Brüche wie auch das Ganze als Vielfache einer Einheit mit dem Werte eines Sechstels, des *šuššu*, bezeichnen[3]):

1 *šuššu* (einfach *šussu*)	für	$^1/_6$.	4 *šuššu*	für	$^2/_3$.
2 „ (*šuššān* Dualis)	„	$^1/_3$.	5 „	„	$^5/_6$.
3 „	„	$^1/_2$.	6 „	„	1.

Das *šuššu* wird hier notwendig wie die römische *uncia* ursprünglich nicht das Sechstel allgemein, sondern den Bruchteil eines Maßes bezeichnet haben müssen[4]). Dazu stimmt, daß das Sechstel sonst in assyrischen Stammbruchlisten, wo es neben *šunu* = $^1/_2$ und *rubcu* = $^1/_4$ steht, *šudu*[*šu*] und nicht kontrahiert *šuššu* lautet[5]), und daß es wie für $^1/_3$, so auch für $^2/_3$ und $^5/_6$ eigene selbständige Bezeichnungen *šini-pu* und *pā-rab* gab[6]), wie das nicht anders zu erwarten ist und ja auch bei den lateinischen Benennungen der Zwölftelvielfachen der Fall war.

---

[1]) Cantor, Gesch. d. Mathem.[3] I 731/2.

[2]) Caussin de Perceval, Grammaire arabe vulgaire[4] S. 116.

[3]) Zimmern, Sitz. Ber. Sächs. Ges. d. Wiss. 53, 49.

[4]) Dies ist, wie mir Zimmern freundlichst während des Druckes mitteilte, auch die Meinung von Thureau-Dangin.

[5]) Delitzsch, Ztschr. f. äg. Sprache 16, 66.

[6]) Zimmern a. a. O. 51.

Inder.

Wo mag nun die Idee des gemischten Bruches entstanden sein, den wir bei griechischen und lateinischen Mathematikern des Altertums zwar nachweisen können, der sich aber auch bei ihnen noch deutlich als etwas Fremdes, Ungewohntes darstellte? Vielleicht hat man die Heimat des gemischten Bruches bei dem Volke zu suchen, das sich auch sonst um die Entwicklung der Rechenkunst die größten Verdienste erworben hat, den Indern, denen wir ja bekanntlich auch die Entdeckung des Stellenwertes der Ziffern und die Einführung der Ziffer Null verdanken. In der Tat kennen die Inder gemischte Brüche, bei denen sie den Zähler ohne Trennungsstrich über den Nenner schreiben. Bereits im Śulvasūtra des Āpastamba (annähernd 400 vor Chr.) finden sich, nach freundlicher Mitteilung von Oldenberg, dem ich auch die folgenden Nachweise verdanke, die Brüche $^3/_8$ (*tribhir aṣṭamaiḥ*) und $^2/_7$ in Worten in derselben Weise ausgedrückt, wie wir sie ausdrücken: „drei Achtel“, „zwei Siebentel“[1]). Und bei Jyotisha (gegen Anfang der christlichen Ära?) findet sich „fünf Neuntel eines Tages“[2]).

Daneben gebrauchen aber auch die Inder noch die Stammbruchreihen. Damit könnte es zusammenhängen, daß in dem genannten Śulvasūtra die Regel für die Berechnung der Seite eines Quadrates, das den doppelten Flächeninhalt eines gegebenen andern Quadrates haben soll, so gegeben wird: „Man verlängere das Maß (der Seite des gegebenen Quadrates) um seinen dritten Teil, und diesen um seinen vierten Teil, weniger $^1/_{34}$ dieses (vierten Teiles)“[3]). In dieser vielleicht aus älterer Zeit überlieferten Regel erscheint der Bruch $\frac{169}{408}$ in ähnlicher Weise durch eine Bruchreihe $^1/_3 + {}^1/_{12} - {}^1/_{408}$ umschrieben, wie in den oben S. 66/7 erwähnten arabischen Rechenaufgaben aus der Abbasidenzeit. Auch bei Bhâskara (12. Jahrh. nach Chr.) kommt es noch vor, daß man zu dem Resultat einer Rechenoperation nacheinander $^1/_3$, $^1/_2$ und $^1/_4$ einer Zahl zu addieren hat, anstatt auf einmal $\frac{13}{12}$ zu nehmen[4]). Hier handelt es sich freilich nicht eigentlich um die Umschreibung eines echten gemischten Bruches, sondern um ein Ganzes und einen Stammbruch ($1\,^1/_{12}$).

Abendländer im Mittelalter.

Bei den abendländischen Mathematikern des Mittelalters läßt sich der Gebrauch echter gemischter Brüche sicher belegen z. B. bei Regimbold

[1]) Zeitschr. d. Deutsch. Morgenl. Ges. LV/LVI, XIX 2. 6.
[2]) Bārhaspatyaḥ p. 43.
[3]) a. a. O. I 6.
[4]) Cantor, Gesch. d. Math.[3] I S. 618.

von Köln (11. Jahrh.): *X et VII ducentesimas quadragesimas sextas siliquas* für $\frac{17}{246}$ [1]), dennoch ist das Zerlegen in Stammbruchreihen nach wie vor üblich, z. B. bei Bernelinus (11. Jahrh.), der $3 \times \frac{1}{576}$ auf $\frac{1}{288} + \frac{1}{576}$ berechnet [2]). Leonardo Pisano (Fibonacci, schrieb 1202) behandelt in seinem *liber abbaci* ausführlich die Zerlegung der gemischten Brüche in Stammbrüche (*disgregatio partium in singulis partibus*), z. B. $\frac{5}{6} = \frac{2+3}{6} = \frac{1}{3}\frac{1}{2}$ [3]).

Man sieht aus allen diesen Beispielen, wie fest die alte Stammbruchrechnung noch immer im Geiste der Menschen wurzelte, als längst der gemischte Bruch gefunden war. Sie ist in der Tat, wie wir sehen werden, eine prinzipielle Voraussetzung aller unserer Sprachen.

2. Stammbruchtafeln.

Bei einer so komplizierten Art ein Divisionsresultat auszudrücken, wie es die Zerlegung in Stammbrüche war, mußte man in der Praxis Tafeln, etwa in der Art unserer Logarithmentafeln, haben, aus denen man leicht das Resultat ablesen konnte. Solche Tafeln, die man gewiß als alte Erbstücke zu betrachten hat [4]), haben sich uns denn auch in Ägypten aus den Zeiten des Altertums mehrfach erhalten.

Die uns aus den älteren Zeiten der ägyptischen Geschichte, aus dem mittleren Reich, überkommenen, in ägyptischer Schrift resp. Sprache abgefaßten Stammbruchtafeln [5]) sind Tabellen für die Teilung von 2 durch ungerade Zahlen, z. B.:

2 durch 3 = $^2/_3$
2 „ 5 = $^1/_3$ $^1/_{15}$
2 „ 7 = $^1/_4$ $^1/_{28}$
2 „ 9 = $^1/_6$ $^1/_{18}$
usw. bis 2 „ 99 = $^1/_{66}$ $^1/_{198}$.

Mit Hülfe einer solchen Tabelle ließen sich leicht alle Divisionen ausführen. Überstieg der Dividendus die Zahl 2, so brauchte man ihn nur zu zerlegen und die aus der Tabelle abzulesenden Resultate der einzelnen Divisionen zu addieren. Da man zugleich die Teilbarkeit einer Zahl durch 2 sofort zu erkennen wußte, und daher die Kürzung gerader Zahlen ohne weiteres vornehmen konnte, so war die Division mit geraden Zahlen auch ohne besondere Tabellen möglich [6]).

---

[1]) Cantor a. a. O. 874.

[2]) Friedlein a. a. O. S. 122.

[3]) Friedlein a. a. O. S. 151.

[4]) Cantor, Gesch. d. Math.³ I S. 65.

[5]) Griffith, Hieratic papyri from Kahun pl. 8 (19. Jh. v. Chr.). — Rhind math. Papyrus, ed. Eisenlohr (ca. 17. Jh. v. Chr.).

[6]) Wie man sich den ganzen Vorgang der ägyptischen Teilungsrechnung zu denken hat, hat Cantor, Gesch. d. Math.³ I S. 63, dargelegt. S. dazu auch ob. S. 63 Anm. 8.

Aus byzantinischer Zeit besitzen wir mehrere Bruchtabellen ägyptischer Provenienz, die in griechischer Schrift und Sprache abgefaßt sind. Sie sind im Unterschied zu jenen älteren Tabellen derart eingerichtet, daß dem Rechner auch die eben erwähnte Zerlegungsarbeit erspart blieb. Sie verzeichnen nämlich nicht die verschiedenen Divisionsergebnisse für ein und denselben Dividendus (2 in den alten Tabellen), sondern für ein und denselben Divisor (Nenner), von 1 als Dividendus anfangend bis zur Zahl des Divisors, bei dem die Division 1 ergibt, bisweilen auch noch darüber hinaus.

Die eine dieser Tabellen bestand aus einer ganzen Serie von 16 auf Holztafeln aufgezeichneten Tafeln; davon sind uns die beiden letzten, die die Division durch 15 und 16 enthalten und die Ordnungsnummern 15 und 16 tragen[1]), erhalten. Sie befinden sich jetzt in der ägyptischen Sammlung des University College zu London und sind kürzlich von Sir Herbert Thompson veröffentlicht und richtig erklärt worden[2]). In deutscher Umschrift lauten sie:

Nr. 15. Der 15 te Teil	Nr. 16. Der 16 te Teil
der 1 (ist) 1/15	der 1 (ist) 1/16
„ 2 „ 1/10 1/30	„ 2 „ 1/8
„ 3 „ 1/5	„ 3 „ 1/8 1/16
„ 4 „ 1/4 1/60	„ 4 „ 1/4
„ 5 „ 1/3	„ 5 „ 1/4 1/16
„ 6 „ 1/3 1/15	„ 6 „ 1/4 1/8
„ 7 „ 1/3 1/10 1/30	„ 7 „ 1/4 1/8 1/16
„ 8 „ 1/2 1/30	„ 8 „ 1/2
„ 9 „ 1/2 1/10	„ 9 „ 1/2 1/16
„ 10 „ 2/3	„ 10 „ 1/2 1/8
„ 11 „ 2/3 1/15	„ 11 „ 1/2 1/8 1/16
„ 12 „ 1/2 1/4 1/20	„ 12 „ 1/2 1/4
„ 13 „ 1/2 1/3 1/30	„ 13 „ 1/2 1/4 1/16
„ 14 „ 1/2 1/3 1/10	„ 14 „ 1/2 1/4 1/8
„ 15 „ 1	„ 15 „ 1/2 1/4 1/8 1/16
	„ 16 „ 1

Man sieht hier klar, wie leicht manche Bruchreihen aus den bereits früher berechneten gewonnen werden konnten. Beispielsweise: 3 : 16 ist 2 : 16 und 1 : 16, 7 : 16 ist 6 : 16 und 1 : 16, 10 : 16 ist 8 : 16 und 2 : 16 usw.

Bemerkenswert ist, daß diese byzantinische Bruchtabelle, die mit 2/3 begonnen haben wird, nur bis zum 1/16 herabgeführt war, das, wie wir

[1]) Aus dieser Numerierung geht hervor, daß der Bruch 1/2 auf der Tafel Nr. 2 behandelt war; auf der ersten Tafel wird also 2/3 behandelt gewesen sein.

[2]) Ancient Egypt 1914, 52 ff.

gleich sehen werden, auch sonst einen gewissen Abschnitt in der Bruchrechnung der Ägypter bezeichnete.

Eine zweite Bruchtafel gleicher Art hat sich uns, leider stark zerstört, auf einem Ostrakon derselben Sammlung (University College) erhalten, das Crum herausgegeben[1], aber nicht erkannt hat. Diese Tafel gibt die Werte des 31stels, beginnend mit 1/3 und 1/2, so scheint es, endigend mit 31[2]). Sie benutzt nur ganz bestimmte, auf den Generalnenner 1860 zurückführbare Stammbrüche und läßt die Bruchteile, die kleiner als 1/186 sind, unberücksichtigt. In deutscher Übersetzung lautet sie (unter Beibehaltung der Zeileneinteilung des Originals):

Der 3[1ste Teil. 1/3 von 1/31] (ist) 1/93; 1/2 von 1/31 (ist)
1/62; [der 31ste Teil der 1 (ist)] 1/31
der 2 (ist) [1/31] 1/62 1/93 1/186
„ 3 „ 1/12 1/124 1/186
„ 4 „ 1/12 1/31 1/124 1/186
„ 5 „ 1/12 1/20 1/93 [1/155] 1/186 [3])
„ 6 „ 1/12 1/20 1/31 1/93 1/155 1/186 [3])
„ 7 „ 1/6 1/31 1/62 1/93
„ 8 „ 1/4 1/124
„ 9 „ 1/4 1/31 1/124
„ 10 „ 1/4 [1/20 1/62] 1/155
„ 11 „ [1/3 1/62 1/186]
„ 12 „ [1/3 1/31 1/124] 1/155 1/186 [4]).
„ 13 „ [1/3 1/20 1/62 1/93] 1/124 [5]).
„ 14 „ [1/3 1/12 1/62 1/93] 1/124
„ 15 „ } (zerstört)
„ 16 „ }
„ 17 „ 1/2 1/31 [1/124] 1/155 [4])
„ 18 „ 1/2 1/20 [1/62 1/124] 1/186 [5])
„ 19 „ 1/2 1/12 [1/62 1/93] [6])
„ 20 „ 1/2 1/12 1/31 [7]) 1/155 1/186 [4])
„ 21 „ 2/3 [1/93]
„ 22 „ 2/3 [1/31] 1/93

[1]) Coptic Ostraca Nr. 480.

[2]) Das Zeichen für 1/2 ist <, für 2/3 ϧ (= δύο μέρη, δίμοιρον s. u. Abschn. 6). Die übrigen Brüche sind nur durch die Nennerzahl bezeichnet und nur zuweilen voneinander durch einen Punkt getrennt. Das Gleiche kommt auch bei ägyptischen Rechnungen gelegentlich vor.

[3]) Unberücksichtigt: 1/310 1/465 (zusammen ein zweites 1/186 bildend).

[4]) Unberücksichtigt: 1/620.

[5]) Unberücksichtigt: 1/930.

[6]) So zu ergänzen, da nach Crums Faksimile nur 2 Brüche fehlen können; unberücksichtigt ist dabei 1/372.

[7]) Ausgelassen ist hier 1/62.

der 23 (ist) [2/3] 1/20 1/93 1/124 1/155
„ 24 „ 1/2 1/4 1/62 1/124
„ 25 „ 1/2 1/4 1/31 1/62 1/124
„ 26 „ 1/2 1/3 1/186
„ 27 „ 1/2 1/3 1/31 1/186
„ 28 „ 1/2 1/3 1/20 [1/124] 1/155 1/186
„ 29 „ 1/2 1/3 1/12 [1/93 1/124]
„ 30 „ 1/2 1/3 1/12 [1/31 1/93 1/124]
„ 31 „ [1].

Der mehrfach erwähnte griechische mathematische Papyrus von Achmim[1]), der in das 7. bis 8. Jahrh. nach Chr. gesetzt wird, enthält Bruchtafeln, die die Werte des Bruches 2/3 und der Stammbrüche vom 1/3 abwärts bis zum 1/20, in gleicher Weise in ganzen Zahlen und Stammbruchreihen ausgedrückt, nennen, z. B. 1/9 von 8 ist 1/2 1/3 1/18, 1/7 von 9 ist 1 1/4 1/128 usw.

Dabei sind die Tafeln für die größten Brüche (mit dem kleinsten Nenner) von 2/3 bis zum 1/10 hinab für die Dividenduszahlen 1 bis 10 000 durchgeführt. Dagegen erstrecken sich die Tafeln für die kleineren Brüche (mit größerem Nenner), vom 1/11 abwärts bis zum 1/20, ebenso wie die Thompson'schen und Crum'schen Tafeln, nur bis zu der Zahl, die den Divisor selbst bildet (also 11 resp. 20), sodaß die Tafel hier wieder jedesmal mit dem Bruch endigt, dessen Wert 1 ist, also „1/11 von 11 ist 1", „1/20 von 20 ist 1".

3. Die Halbierungsteilung.

(Hierzu Tafel II.)

Auf eine noch primitivere Stufe des Rechnens, als die Stammbruchrechnung, führt uns die Einteilung der alten Maße, namentlich der Acker- und Kornmaße, zurück. Diese beiden, die *śṯ:t* (ϲωτε[2]), ϲετ-), der ägyptische Morgen, griech. ἄρουρα genannt, und die *ḥḳ:t*, der ägyptische Scheffel, griech. ἀρτάβη, werden nur durch ständige Halbierung geteilt. Es gibt also nur 1/2, 1/4, 1/8, 1/16, 1/32, 1/64 davon[3]), die in der gleichen Weise wie die gewöhnlichen Stammbrüche miteinander addiert werden, um andere Teilbeträge, wie z. B. 3/4, auszudrücken.

Die Halbierung und Verdoppelung, die noch der arabische Mathematiker Al-chwarizmi (9. Jahrh. nach Chr.) als besonderen Zweig der

[1]) Baillet, Mém. Miss. arch. franç. au Caire 9, 24ff.

[2]) Diese unverkürzte Form wies mir Alan H. Gardiner nach.

[3]) Beim Scheffel gibt es noch ein kleineres Teilmaß 1/320 (äg. *rō* „Mund"), das augenscheinlich auf dezimaler Teilung des 1/32 beruht und selbst in beliebig viele Teile geteilt wird, s. u. S. 81.

Rechenkunst behandelt hat[1]), stellen augenscheinlich eine Vorstufe zur Multiplikation und Division mit beliebigen Größen dar. Dem alten Ägypter sind sie noch lange bei beiden Rechenarten (Multiplikation und Division), die er in seltsam unbeholfener Weise tentativ ausführt[2]), unentbehrliche Hülfsmittel geblieben[3]), da er im Kopf eben nur mit 2 multiplizieren und dividieren kann.

Will er z. B. 8 × 8 ausrechnen, so schreibt er, indem er die für das Resultat in Betracht kommenden Verdoppelungsergebnisse durch einen Strich kennzeichnet, so:

1	8
2	16
4	32
/8	64

Hat er eine Zahlengröße mit 10 zu multiplizieren, so nimmt er sie nacheinander mal 1, mal 2, mal 4, mal 8, und addiert dann die bei 2 und 8 gefundenen Resultate[4]).

Will er 77 durch 7 teilen oder, wie er selbst sagt, „7 multiplizieren, um 77 zu finden“, so schreibt er:

/1	7	
/2	14	
4	28	Resultat: 1 + 2 + 8 = 11.
/8	56	

19 : 8 wird so gerechnet:

1	8	
/2	16	
1/2	4	Resultat: 2 1/4 1/8.
/1/4	2	
/1/8	1	

Die durch die fortlaufende Halbierung des Ackermaßes, der Arure, entstehenden Maßteile führen besondere, nicht aus dem Zahlensystem hergeleitete Benennungen, in denen wir augenscheinlich die ursprünglichen, vor der Auffindung anderer Brüche gebräuchlichen Bezeichnungen für die Halbierungsteile zu erkennen haben, also eine ältere Schicht von Bruchbezeichnungen, die sich gewissermaßen rudimentär in den Ackermaßen erhalten hat.

---

[1]) Cantor, Gesch. d. Mathem.[3] I 717.

[2]) Hultsch, Elemente der äg. Teilungsrechnung S. 66 ff.

[3]) Die folgenden Beispiele aus dem math. Handbuch des Pap. Rhind (ed. Eisenlohr), und zwar bis auf das zweite nach der Auswahl bei Erman, Ägypten II 488, wo sie gut erläutert sind.

[4]) Mathem. Handb. Taf. 9, Nr. 6.

Vermutlich werden eben diese Namen auch für die Teile des Scheffels (*ḥḳ3·t*) gegolten haben, die in einer seltsamen Spielerei durch die Bilder der Teile des „Horusauges“ ausgedrückt werden[1]), ohne daß ihr Name je ausgeschrieben würde[2]).

Betrachten wir nun jene Namen der Bruchteile der Arure von 1/2 bis 1/32 und ihr Verhältnis zu den entsprechenden allgemeinen Bruchbezeichnungen näher.

1/2.

Die „1/2 Arure“ heißt in der späteren hieroglyphischen Schreibung[3])  (eigentlich umzudrehen)[4]); hierat. [5]), demot. ⁄ [6]).

Das Wort, das mit dem Bilde eines Armes (darunter in der angeführten hieroglyphischen Schreibung das Determinativ des Landes ▽) geschrieben wird, ist nach der alten hieroglyphischen Form 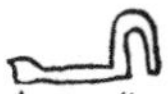 (Palermostein Rs. 2, 2. 3) *rmn* zu lesen. *rmn* ist ein Wort für „Arm“, das nicht selten auch in der Bedeutung „Seite“ verwendet wird[7]).

Eben diese Bedeutung liegt offenbar auch seiner Anwendung hier zugrunde, wo es als Vorgänger des Wortes *gś* anzusehen ist, das in geschichtlicher Zeit die allgemeine Bezeichnung für den Bruch 1/2, „die Hälfte“ ist. Die gleiche Bedeutung „Hälfte“ dürfte das Wort auch noch

---

[1]) Thoth setzte das zerstückelte Auge des Gottes Horus aus seinen Teilen (1/2 1/4 1/8 1/16 1/32 1/64 = 63/64) zusammen und „füllte“ es zu einem „unversehrten Auge“ (*wḏ3·t*), indem er den fehlenden Teil (1/64) zufügte. Möller, Ztschr. f. äg. Sprache 48, 99.

[2]) Es liegt kein Grund vor, diese Zeichen auf der von Daressy, Rec. de trav. 28, 62 ff. veröffentlichten Kairiner Rechentafel für etwas anderes zu nehmen als sonst. Dort sind mit den ganzen Zahlen Scheffel, mit den Teilen des Horusauges die Halbierungsteile des Scheffels (bis zum 1/64 hinab), mit den gewöhnlichen Bruchzahlen am Ende Bruchteile des kleinsten Scheffelbruchteiles 1/320 (*rŏ*, von Daressy irrig 1/256 gelesen) gemeint. Was Daressy mit 1/512 wiedergibt, ist das gewöhnliche Zeichen für 1/2 (*gś*), was er mit 1/1024 wiedergibt, dasjenige für 1/4 (*ḥśb*), was er mit 1/384 bewertet, dasjenige für 1/6. Was er bald 1/128 bald 1/96 bewertet, ist 3 *rŏ* (d. i. 3 1/320-Teile des Scheffels), sein 1/192 aber 2 *rŏ* (d. i. 2 solche Teile). Von einer Multiplikation der Scheffelteile miteinander, die Möller (a. a. O.) zu dem Schluß veranlaßte, es müßten reine Bruchzahlen, nicht Teile eines bestimmten Maßes, gewesen sein, kann ich in jenen Rechnungen nichts finden.

[3]) Felderliste im Tempel von Edfu (ptolem. Zeit), s. Brugsch, Thes. III 603.

[4]) Die gewöhnliche Richtung der ägyptischen Schrift ist von rechts nach links. So stets im Hieratischen und Demotischen. Die Hieroglyphenschrift wird aber von den alten Ägyptern nicht selten aus dekorativen oder andern Rücksichten auch umgedreht. Unsere Drucktypen zeigen, aus Bequemlichkeit für uns, diese eigentlich verkehrte Richtung. Wenn man also im folgenden eine hieroglyphische Schreibung mit einer hieratischen oder demotischen vergleichen will, so hat man sie sich stets umgedreht zu denken.

[5]) Möller, Hierat. Paläogr. Nr. 687 (I Taf. 65; II Taf. 61).

[6]) Griffith, Rylands demot. papyri III 414.

[7]) Vgl. Ztschr. f. äg. Sprache 50, 103.

in der Bezeichnung *rmn n iḥ* „Rinderseite“ [1]) haben, womit die Hälfte eines Rindes gemeint sein muß, anderwärts auch *gś n iḥ* genannt [2]).

Das gewöhnliche Wort für $^1/_2$ in geschichtlicher Zeit, das ebengenannte, später, *gś* (kopt. ϭⲟⲥ : ϫⲟⲥ, ϭⲓⲥ- : ϫⲉⲥ-) war ein Synonym von *rmn*, insofern es gleichfalls sowohl „Seite“ als „Hälfte“ bedeutet. Im Koptischen ist dieses Wort (*gś*) nur noch als „halb“ gebräuchlich, z. B. in:

ϭⲓⲥ-ⲧⲃⲁ „einhalb Zehntausend“, d. i. 5000,

ⲟⲩⲙⲁϩⲓ ⲟⲩϫⲟⲥ „eine Elle (und) einhalb“, d. i. $1^1/_2$ Elle.

Auf das demotische Zeichen für *gś* „$^1/_2$“ wird direkt oder indirekt das arabische Zeichen ∠ für $^1/_2$ mit seinen Varianten (auch in den Zusammensetzungen $^1/_2$ $^1/_4$ = $^3/_4$ und $^1/_2$ $^1/_3$ = $^5/_6$, s. Taf. III) [3]) zurückgehen, wie das längst für das gleiche (∠) oder ähnliche (<) Zeichen der griechischen Papyri angenommen worden ist [4]).

Als Substantiv „die Hälfte“ ist *gś* seinerseits wieder bereits im Demotischen durch ein anderes Wort verdrängt:

pš·t (alt *pšš·t*) „Teil“ (ⲡⲁϣⲉ, aus **päššet*),

von *pšš* „teilen“ (ⲡⲱϣ), das speziell — und ursprünglich vielleicht ausschließlich — das Teilen in zwei Teile, das Halbieren bedeutet [5]). Vgl. hebr.: מֶחֱצָה oder מַחֲצִית „Hälfte“ von חָצָה „teilen“.

1/4.

Die „$^1/_4$ Arure“ wird in der ältesten hieroglyphischen Schreibung durch × oder ✕ bezeichnet (Palermostein Rs. 2, 2. 3); hieratisch [6]), demot. [7]). In hieroglyphischen Texten der ptolemäischen Zeit wird der Name auch phonetisch oder *ḥsp* (mit dem Determinativ des Landes) geschrieben [8]). Aus gewissen Andeutungen des Horapollon (Ende des 4. Jahrh. nach Chr.) geht hervor, daß er in späterer Zeit *ḥasp* gesprochen wurde [9]).

---

[1]) Pap. Westc. 7, 2.

[2]) Louvre C. 12, 15.

[3]) Caussin de Perceval, Gramm. arabe vulgaire⁴ S. 116.

[4]) Hultsch, Elemente der äg. Teilungsrechnung S. 30 Anm. 1.

[5]) z. B. in der Teilung Ägyptens in die beiden Länder des Horus und Seth.

[6]) Möller, Hierat. Paläogr. Nr. 688 (I S. 65. II S. 61).

[7]) Griffith, Rylands demot. papyri III 414.

[8]) Felderliste von Edfu, s. Brugsch, Thes. III 603.

[9]) Siehe meine Untersuch. zur Gesch. und Altertumsk. Ägyptens III 97. — Herr Prof. Loret wies mich freundlichst darauf hin, daß meine Ausführungen dort der Berichtigung bedürfen. Horapollon sagt tatsächlich am Anfange des Kapitels, was Brugsch ihn sagen ließ, daß die Ägypter das Jahr (*ḥasp*) mit dem Zeichen für die Viertelarure schrieben. — Das ist und bleibt aber Unsinn, während die andere Fassung, die Horapollon weiterhin

Daß das Wort ursprünglich die allgemeine Bezeichnung für den Bruch $^1/_4$ gewesen ist, geht klar daraus hervor, daß sein Zeichen im Hieratischen und Demotischen allezeit diese allgemeine Bedeutung behalten hat. Man schreibt den Bruch $^1/_4$ in diesen beiden Schriftphasen nie anders als

hierat. , später [1] demot.  oder [2]).

Zu dem Punkt resp. Strich, der hier über das alte Zeichen des Kreuzes tritt und bei der Schreibung für die Viertelarure fehlt, s. u. S. 88.

Auf dieses Zeichen für $^1/_4$ könnten wieder die arabischen Zeichen für diesen Bruch zurückgehen: / in Syrien, > in der Berberei, der Buchstabe ʿAjin in Ägypten (auch in $^1/_2$ $^1/_4$ = $^3/_4$)[3]), s. Tafel III.

Das Zeichen des Kreuzes ×, mit dem das Wort für die Viertelarure und der Bruch $^1/_4$ geschrieben wird, ist nun aber das allgemeine Determinativ des Teilens, speziell und vielleicht ursprünglich nur des Zerbrechens. Wenn gerade unser Wort für $^1/_4$ als einzige von allen Bruchbezeichnungen damit geschrieben wird, und das Zeichen dabei allein ohne phonetische Zusätze als „Wortzeichen" steht, so deutet das darauf hin, daß es ein gleichlautendes Wort für teilen o. ä. gegeben haben muß, mit dem unser Wort zusammenhing; mit andern Worten, daß das Viertel im Sinne dieses Teilens als der Teil par excellence gegolten haben muß. Und das wird mit dem Bilde des Zeichens × zusammenhängen, das ja die Teilung in 4 Teile darstellt[4]).

Augenscheinlich sah der Ägypter diese Teilung überkreuz als die einfachste Form der *ḥsp*-Teilung an, während er die Teilung der Fläche durch **eine** gerade Linie, die Halbierung, noch nicht dazu rechnete.

Wir finden dieses Wort für teilen, das unserer Bruchbezeichnung *ḥasp* „$^1/_4$" zugrunde liegen muß, nun in der Tat noch in der ältesten Literatur der Ägypter, den Pyramidentexten, in seiner älteren Form *ḥšb*[5]) und mit der konkreten Bedeutung „zerbrechen" (von Stöcken, Griffeln, Waffen u. dgl. gesagt)[6]). Dieser Bedeutung entsprechend hat das Zeichen

---

dem Gedanken gibt (bei mir a. a. O. S. 98 besprochen), das Richtigere trifft: die Ägypter **benannten** das Jahr und das Viertel resp. das Viertel der Arure mit demselben Namen (in Wahrheit zwei verschiedene Namen *ḥat-sep* und *ḥasp*, die im Laufe der Zeit Gleichklang angenommen hatten).

[1]) Möller a. a. O. Nr. 670.

[2]) Brugsch, Gramm. démot. § 142.

[3]) Caussin de Perceval a. a. O.

[4]) Hieran dachte zweifelnd auch Cantor, Gesch. d. Mathem.^{3} I 85. Ob aber gerade die „Vierteilung der Ebene durch zwei sich kreuzende Linien" gemeint ist, ist, wie wir sehen werden, noch die Frage.

[5]) *p* im Auslaut ägyptischer Worte der späteren Zeit geht oft auf ein älteres *b* zurück, das am Wortende ebenso die harte Aussprache angenommen hat wie im Deutschen, z. B. ϩⲓⲡ „Ibis" alt *hb*; *sp* „Schakal" alt *sꜣb*; ⲟⲩⲟⲡ „rein werden", alt *wꜥb* usw.

[6]) Siehe Grapow, Ztschr. f. äg. Sprache 49, 116.

der kreuzweisen Teilung in alter Zeit sowohl bei diesem Worte, wie auch bei andern synonymen Ausdrücken, wo es detailliert ausgeführt wird, nicht die Gestalt zweier sich kreuzender Linien, wie in der abgekürzten hieroglyphischen Form und selbstverständlich im Hieratischen und Demotischen, sondern zweier übereinandergelegter Stäbchen: 

Man wird darin die beiden Bruchstücke eines zerbrochenen Stabes zu erkennen geneigt sein, sodaß die Idee des Brechens möglicherweise doppelt angedeutet sein könnte, einmal durch den in 2 Teile zerbrochenen Stab, und zweitens durch das Übereinanderlegen der Bruchstücke, die sich nun kreuzen und wieder in 4 Teile teilen[1]).

Das Wort für $^1/_4$ *ḥasp*, alt *ḥaśb*, bedeutet demnach augenscheinlich „Bruch" (*fractio*) und trägt also die gleiche Bezeichnung, die wir für die Brüche in ihrer Gesamtheit anwenden[2]).

Aber nicht dieses Nomen für „Bruch" allein, auch das Verbum *ḥśb* „zerbrechen" selbst, von dem es herkommt, wird im Ägyptischen in einer übertragenen Bedeutung als mathematischer Terminus gebraucht. Das dem Ägyptischen und den semitischen Sprachen gemeinsame Wort für Rechnen *ḥśb* (mit dem Determinativ der Buchrolle geschrieben), arab. *ḥasaba*, hebr. חָשַׁב *ḥāšab* ist, wie seine alte hieroglyphische Schreibung 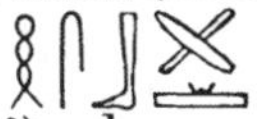 zeigt, nichts anderes als eben dieses alte Wort *ḥśb* „zerbrechen"[3]), dem seine konkrete Grundbedeutung in den semitischen Sprachen ebenso abhanden gekommen ist, wie im Ägyptischen, wo es allein noch in den alten Pyramidentexten so zu finden war.

---

[1]) Auch ein Gegenstand aus Zeug, der in dem „Gerätefries" auf Särgen des mittleren Reiches öfters abgebildet ist mit dieser Gestalt , wohl das Kreuzband, das (z. B. von Soldaten) über der Brust getragen wird, hat daher den Namen 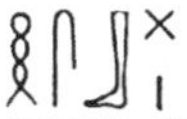 *ḥśb*, Lacau, Sarcophages antérieurs au nouvel empire Nr. 28037, 25. 28038, 16. 28091, 26. 28092, 53. Taf. 36, Nr. 125. London 6655 (Sarg einer Mentu-ḥotp).

[2]) Die spätere ägyptische Bezeichnung für Stammbruch ist *tj.t gb.t*, was etwa mit „schwaches Zeichen" („Ziffer?") wiederzugeben ist, Math. Handb. (Pap. Rhind) Nr. 61.

[3]) Daß das Zeichen der gekreuzten Stäbchen oder Holzstücke in diesem Worte *ḥśb* „rechnen" später von dem Zeichen für $^1/_4$, $^1/_4$ Arure und teilen differenziert worden ist, — im Hieratischen wie im Hieroglyphischen, wo das sogen. „Paket"  daraus geworden ist ( oder nur ), — kann nicht wundernehmen, hat doch selbstverständlich niemand mehr an einen Zusammenhang denken können, nachdem die Grundbedeutung von *ḥśb* „brechen" und *ḥśb* „Bruch" ganz hinter den abgeleiteten Bedeutungen „rechnen" und „$^1/_4$" resp. „Viertelarure" verblaßt war. Übrigens bietet die Entwicklung der Schreibung von *rmn* „halbe Arure" ein ganz ähnliches Bild. In dieser Bedeutung schreiben die spätere hieratische wie die demotische Schrift das Zeichen des Armes (*rmn*) ganz anders als in den Worten *rmn* „Arm", „Seite" oder *rmnw* „tragen". Die Form ×, die das Zeichen für die Viertelarure in hieroglyphischer Schrift bereits auf dem Palermostein statt der zerbrochenen Stäbchen hat, wird, wie die ebenda für die Achtelarure vorkommende Sigle, eine mechanische Wiedergabe der hieratischen Zeichenform darstellen.

Diese Bezeichnung des Rechnens als Brechen ist vielleicht nicht ohne Interesse für die Geschichte der Rechenkunst. Man wird sich danach wohl zu denken haben, daß das Rechnen diese Benennung bekommen hat, nachdem es sich von der primitiven Stufe des Addierens und Subtrahierens eben durch das Hinzutreten des „Brechens“, der Division, auf eine höhere Stufe gehoben hatte.

Wiewohl sich das Zeichen × der alten Bruchbezeichnung *ḥaśb* „Viertel“ in der ägyptischen Kursivschrift bis in die spätesten Zeiten für 1/4 in Gebrauch erhalten hat, ist das Wort selbst, außer, wo es die Viertelarure bezeichnete, früh (stets im Hieroglyphischen) durch den Audruck *r 4* (ⲣⲉ-ϥⲧⲟⲟⲩ sah. : ⲣⲉ-ⲇ̅ boh.) ersetzt worden, der, wie die andern jüngeren Stammbruchbezeichnungen (s. u.), von der Zahl 4 gebildet ist. Er findet sich bereits in einer hieroglyphischen Inschrift des alten Reiches, auf dem Palermostein Rs. 3, 1 („2 Ellen 2 1/4 Finger“).

Im Hieratischen des neuen Reichs unterscheidet man das Zeichen × als Bruchzahl 1/4 durch Zufügung des Punktes oder Striches, der die Brüche mit Nennerzahl charakterisiert (s. u. S. 87), von × als Zeichen für die Viertelarure (*ḥasb*, *ḥasp*): [1]).

Man las also das hieratisch-demotische Bruchzeichen ×, wo es 1/4 bedeutete, wirklich nicht mehr *ḥasb*, sondern, wie es die hieroglyphische Schreibung erwarten läßt, *re-fdōw*. Das ist genau dasselbe, wie wenn die Araber die Bruchzeichen 1/2 1/4 für 3/4 jetzt *ṯalāṯat ʾarbāʿ* „drei Viertel“ lesen (S. 67).

1/8.

Das Wort für den 8. Teil der Arure wird in ptolemäischer Zeit oder geschrieben[2]), also als ob es das Wort *sꜣ* „Sohn“ (mit dem Determinativ des Landes ▽) wäre. Das könnte natürlich auf einer falschen Etymologie beruht haben, wie ja auch das Wort für die ganze Arure *stꜣ* (alt *śṯꜣ·t*) in dieser späten Zeit geschrieben wird, als ob es „Sohn der Erde“ (*sꜣ-tꜣ*) bedeutete, während es in Wahrheit von *śṯꜣ* „ziehen“ (den Pflug) herkam.

Die alte hieroglyphische Schreibung, wie sie sich auf dem Palermostein Rs. 2, 2. 3, 1 findet, (von rechts zu lesen), ist nun aber in der Tat nichts anderes, als eine etwas stilisierte Wiedergabe der althieratischen Form des Zeichens für *sꜣ* „Sohn“ [3]). Auch die hieratische und demotische

---

[1]) Vgl. Möller, Hierat. Paläogr. II Nr. 670 mit Nr. 688.

[2]) Felderliste von Edfu, Brugsch, Thes. III 603.

[3]) Vgl. Möller, Hierat. Paläogr. Nr. 217 (I Taf. 21).

Form [1]) läßt sich aus einer kursiven Abkürzung dieses Wortes, wie sie in Filiationsangaben vorkommt[2]), wohl ableiten.

Hieß also das Achtel der Arure, und vermutlich also ursprünglich auch das Achtel überhaupt, eigentlich „Sohn“ des Viertels?

Als Bruchbezeichnung für $^1/_8$ insgemein ist in geschichtlicher Zeit weder das Wort *sꜣ* selbst noch sein Zeichen mehr gebräuchlich. Man gebraucht hier nur noch eine nach Art der andern Stammbrüche gebildete Bezeichnung  *r 8* (ⲣⲉ-ϣⲙⲟⲩⲛ).

$^1/_{16}$.

Der Name des 16. Teiles der Arure lautete in ptolemäischer Zeit  *sw*[3]). Ältere hieroglyphische oder hieratische Schreibungen sind mir nicht bekannt. Im mathematischen Handbuch des Papyrus Rhind geht denn auch die Halbierungsteilung der Arure nur bis zum $^1/_8$ hinab. Kleinere Teile werden in „Landellen“ (*mḥ tꜣ*), wie der Ägypter den Flächeninhalt von 100 Ellen nennt, ausgedrückt[4]). Im Demotischen findet sich unser Wort in der Schreibung mit übergesetzter Ziffer 2 ( ) in den üblichen Sicherungsumrechnungen der Urkunden, wie die folgende: „$9\,^1/_2$ Aruren, macht $9\,^1/_4\,^1/_8\; 2 \times {}^1/_{16}$ Aruren, macht $9\,^1/_2$ Aruren wiederum“[5]).

Es ist bemerkenswert, daß diese Umrechnungen mit dem 16. Teile der Arure haltmachen und nicht noch das 32stel nennen[6]). — Die Übersetzung der Zahl 2 über das gezählte Maß entspricht dem Gebrauch, der bei der Zählung der kleinsten Teile ($^1/_{320}$) des Scheffels geübt wird (s. u.).

Als Bruchzahlwort für $^1/_{16}$ fungiert in geschichtlicher Zeit der nach Art der andern Stammbrüche gebildete Ausdruck  *r 16*.

$^1/_{32}$.

Der 32. Teil der Arure führt in der ptolemäischen Felderliste zu Edfu — bisher die einzige Stelle, wo er belegt ist — den Namen [7]). Ist diese Schreibung gut, so ist der Name *r mꜣ* zu lesen und bedeutet „der

[1]) Möller a. a. O. Nr. 689. — Griffith, Ryl. demot. pap. III 414.

[2]) Ztschr. f. äg. Sprache 49, 96.

[3]) Felderliste von Edfu, Brugsch, Thes. III 603.

[4]) Griffith, Proc. Soc. bibl. arch. 14 (1892), S. 403. Hultsch, Elemente der äg. Teilungsrechnung S. 44.

[5]) Griffith, Rylands demot. pap. III 414.

[6]) Also ähnlich verfahren, wie man in Rom später mit dem $^1/_{288}$ des As ($^1/_{24}$ der Unze) verfuhr, s. ob. S. 66.

[7]) Brugsch, Thes. III 603.

neue Teil"[1]). Das wäre eine Benennung, die sich schon durch ihren Inhalt deutlich als eine künstliche Neuschöpfung zur Fortsetzung der mit dem $^1/_{16}$ schließenden alten Halbierungsbruchreihe verriete.

In seiner Form würde der Ausdruck aber zu einer neuen Ära in der Geschichte der ägyptischen Bruchbezeichnungen hinüberführen, indem er als erster der Reihe das Wort ⊂⊃ *r* „Mund" = Teil verwendete, der die Stammbrüche von $^1/_3$ abwärts kennzeichnet.

Wenn die Reihe der Halbierungsteile zu irgend einer Zeit einmal mit dem 16. Teil abgeschlossen hätte, so würde das aufs beste zu dem Befund bei der von Sir H. Thompson veröffentlichten byzantinischen Stammbruchtafel (S. 70), bei den Umrechnungen der Arurenbeträge in den demotischen Urkunden (S. 79), und endlich auch dazu stimmen, daß der „Finger", das kleinste und einzige willkürlich geteilte Längenmaß der Ägypter, gerade bis zu 16 Teilen geteilt wird ($^1/_2$, $^1/_3$ usw. bis $^1/_{16}$).

In griechischen Papyri ist später die Teilung der Arure bis zum $^1/_{4096}$ hinab immer durch Halbierung fortgesetzt worden[2]). Es ist für ägyptische Verhältnisse sehr charakteristisch, daß man hier zu allen Zeiten an dem alten Teilungsprinzip festgehalten hat.

Kleinere Teile des Scheffels.

Bei der Einteilung des Scheffels ist man aber jedenfalls schon früh über das 16 tel hinabgegangen. Das 32 stel und das 64 stel sind bereits im alten Reich (Dyn. 6) belegt[3]) und ihre Existenz ist die notwendige Voraussetzung für das ganze auf Spielerei beruhende System der Zeichen für die Scheffelbruchteile (s. ob. S. 74).

Auch das kleinste Hohlmaß, das $^1/_{320}$ des Scheffels gleichkam und vermutlich als $^1/_{10}$ des $^1/_{32}$ gedacht sein wird, und also eine dezimale Durchbrechung des Halbierungssystems darstellen wird, ist im mittleren Reich bereits bezeugt[4]).

Dieses kleine Maß führt den Namen ⊂⊃ *r* „Mund" (ρο), ist also mit demselben Worte benannt, mit dem die gewöhnlichen Stammbruchausdrücke gebildet werden (s. u.)[5]). Die Vielfachen dieses Maßes (2 bis 4, denn 5 *rŏ*

[1]) So richtig schon Griffith, Proc. Soc. bibl. arch. 14 (1892), S. 419.

[2]) Wilcken, Gött. Gel. Anz. 1894, 735. Hultsch, Elemente der äg. Teilungsrechnung S. 44 Anm. 1. — Bis zu ebendiesem Bruche $^1/_{4096}$ wird auch die Viertelteilung in der Telingasprache in Indien hinabgeführt, die Zeichen für $^1/_4$, $^1/_{16}$, $^1/_{64}$, $^1/_{256}$, $^1/_{1024}$, $^1/_{4096}$ hat, und diese Brüche mit 2 und 3 multipliziert, um Zwischenwerte zu erhalten, s. Pihan, Exposé des signes de numérotation S. 128/9.

[3]) Pap. Berlin P. 10500 nach Möller, Ztschr. f. äg. Sprache 48, 100.

[4]) Auf der oben S. 74 Anm. 2 erwähnten Kairiner Rechentafel.

[5]) Der Pluralis des Ausdrucks kommt als ⊂⊃ ׀׀׀ *r·w* (ρωογ) im Mathem. Handb. des Pap. Rhind (Hyksoszeit) vor (66, 2 ff.): „mache 10 Scheffel zu Mündern, das gibt 3200".

ergaben ja schon das 64 stel des Scheffels) werden dadurch bezeichnet, daß die betreffende Zahl über das Zeichen des Mundes gesetzt wird. Das geschieht offenbar, um diese Bezeichnungen von den Stammbrüchen mit untergesetzter Nennerziffer deutlich zu unterscheiden und wird im allgemeinen auch dem Wortlaut der Ausdrücke entsprochen haben, in dem ja das Zahlwort, mit Ausnahme der 2, nach unseren Ermittlungen dem gezählten Worte *rŏ* vorangehen mußte (s. ob. II 6):

𓂋 *r* = $^1/_{320}$, II 𓂋 = $^2/_{320}$, III 𓂋 = $^3/_{320}$, IIII 𓂋 = $^4/_{320}$ [1]).

Die so gezählten $^1/_{320}$ Teile des Scheffels sind mit den römischen Zwölftelteilen (*uncia*) und den babylonischen Sechstelteilen (*šuššu*) in Parallele zu stellen (s. ob. S. 64. 67). Sie stellen ebensowenig wie jene gemischte Brüche dar, sondern Vielfache eines Maßes, das in einem bestimmten Verhältnis zu einem größeren Maße steht und so als Bruchteil desselben erscheint.

Wie das *rŏ*-Maß selbst in seiner Bemessung auf $^1/_{320}$ des Scheffels aus dem Halbierungssystem, das der alten Einteilung des Scheffels zugrunde lag, heraustrat, so auch in seiner Einteilung. Es wird nicht nur in $^1/_2$, $^1/_4$, $^1/_8$, $^1/_{16}$, $^1/_{32}$ geteilt, sondern in beliebig viele Teile (bis zu $^1/_{104}$ bezeugt) [2]), und diese werden mit den gewöhnlichen Stammbruchausdrücken bezeichnet.

4. Die Dreiteilung.

In geschichtlicher Zeit sind für alle Stammbrüche, deren Nenner größer als 2 ist, also von $^1/_3$ abwärts, Bruchbezeichnungen üblich, die im Gegensatz zu den soeben besprochenen alten, außer Kurs gesetzten, resp. auf die Arureneinteilung beschränkten Namen der Halbierungsteile, sämtlich die Zahl des Nenners nennen. An die Stelle des alten Ausdrucks für $^1/_4$, *ḥaśb*, der nichts mit der Zahl 4 zu tun hatte, ist bereits im alten Reich — der ältesten Periode, aus der wir Beispiele für reine Bruchzahlen haben — der Ausdruck 𓂋 IIII *r 4* (kopt. ⲡⲣⲉ-ϥⲧⲟⲟⲩ mit dem bestimmten Artikel) getreten, der die Zahl 4 (ϥⲧⲟⲟⲩ) enthält.

Im Unterschied zu den andern in dieser Weise gebildeten Bruchzahlen, die stets wie in dieser hieroglyphischen Schreibung die Zahl des Nenners zeigen (s. u.), hatte dieser Bruch $^1/_4$ die Besonderheit, daß er in der hieratischen und demotischen Schrift noch das alte, zu seinem neuen Namen garnicht passende Zeichen × beibehalten hat. Eine ähnliche Ausnahmestellung scheint nun auch der Bruch $^1/_3$ einzunehmen. Auch er hat zwar im Hieroglyphischen und im Koptischen eine normal von der Zahl 3

1) Möller, Hierat. Paläogr. Nr. 714 ff. (I Tafel 67).

2) Auf der S. 74 Anm. 2 genannten Kairiner Rechentafel des mittleren Reiches.

(ϣⲟⲙⲛ̄ⲧ) gebildete Form r *3* (ⲡⲣⲉ-ϣⲟⲙⲛ̄ⲧ), aber seine hieratische und demotische Form

hierat. 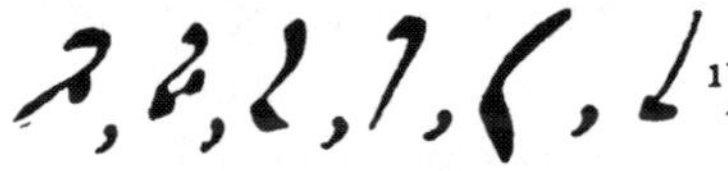 [1])

demot.  oder  [2])

lassen sich auf diese Schreibung ebensowenig zurückführen, wie bei dem Bruch ¹/₄. Man wird daher auch hier gleicherweise in dieser Schreibung die Hinterlassenschaft einer älteren, ohne die Nennung der Zahl 3 gebildeten Bezeichnung des Bruches ¹/₃ vermuten, die aus einer Zeit stammte, in der die Ägypter außer der Zweiteilung nur erst die Dreiteilung kannten.

Dieser Entwicklungsstufe müßte dann natürlich auch der Bruch ²/₃ angehört haben, für den man ebenfalls ein besonderes Zeichen hat, und der seit alters im Rechnen des Ägypters eine große Rolle spielt. Er wird als einziger gemischter Bruch neben den Stammbrüchen als Glied der Bruchreihen verwendet. Über Schreibung und Lesung dieses Bruches wird unten (Abschn. 6) des näheren zu reden sein. Er scheint, um das Ergebnis hier kurz vorweg zu nehmen, nach seiner ältesten Schreibung zu urteilen, ursprünglich *r 2* „2 Münder", d. i. „2 Teile", später aber *ś:wj* „die beiden Teile" geheißen zu haben. Seine koptischen Nachfolger sind ⲟⲩⲱⲛ ⲥⲛⲁⲩ sah. und ⲧⲟⲓ ⲥⲛⲟⲩϯ boh., was beides gleichfalls „zwei Teile" bedeutet.

Nach Analogie dieses Ausdrucks für ²/₃ könnte man das Zeichen für ¹/₃ in seiner ältesten hieratischen Erscheinungsform, wie mir G. Möller treffend bemerkte, wohl aus einem zu vermutenden *r 1* „Mund 1", d. h. „ein Teil" von dreien, ableiten.

Diese rein hypothetisch von Möller postulierte Form liegt vielleicht wirklich in etwas anderer äußerlicher Gestaltung vor in der folgenden Bezeichnung für einen Bruchteil des „Fingers" (als Längenmaß), die sich in den Nilstandsangaben der 2. Dynastie in Z. 5 der Vorderseite des Palermosteines findet, und von Schäfer lediglich vermutungsweise ohne zwingenden Grund für ¹/₂ genommen worden ist[3]):

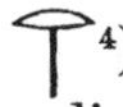 [4]) Vs. 5, 1 („2 Ellen 4 Palmen 1¹/₃ Finger"). Das ⬭ hat hier genau dieselbe Form, wie in den Zeichen für ²/₃ und ³/₄.

 [4]) Vs. 5, 4 („2 Ellen 6 Palmen 2¹/₃? Finger").

---

[1]) Die erste Schreibung auf der S. 74 Anm. 2 zitierten Rechentafel, die andern nach Möller, Hierat. Paläogr. Nr. 669 (I Taf. 65).

[2]) Brugsch, Gramm. démot. § 142. Griffith, Rylands demot. pap. III 418.

[3]) Ein Bruchstück altägyptischer Annalen (Abh. Berl. Akad. 1902), S. 26. 27.

[4]) Von rechts zu lesen.

Dasselbe Zeichen liegt vielleicht auch in etwas anderer Gestalt ebenda vor in einer Nilstandsangabe aus der Zeit des Königs Snefru (Ende der 3. Dynastie):

 [1]) Vs. 6, 2 („2 Ellen 1 1/3? Finger“)[2]).

Auf die demotische Form des alten Zeichens für 1/3 könnte wieder wie bei 1/2 und 1/4 das arabische Zeichen für denselben Bruch zurückgehen, das einem arabischen Wāw gleichsieht[3]) und daher der demotischen Form überraschend ähnelt, siehe Tafel III.

5. Die Stammbrüche mit beliebiger Nennerzahl.

Während wir in den eben besprochenen beiden alten Bruchzahlen der Dreiteilung (1/3 und 2/3) anscheinend das Wort *r* „Mund“, „Teil“ mit dem Zähler 1 resp. 2 verbunden fanden, ist bei den gewöhnlichen Stammbruchbezeichnungen der geschichtlichen Zeit, zu denen auch der spätere Ausdruck für 1/3  *r 3* gehört, umgekehrt nur der Nenner, nicht der Zähler, bezeichnet.

a) Stammbrüche mit ⲟⲩⲱⲛ „Einheit“.

Eine Bezeichnung des Zählers 1 kommt nur in einer jüngeren, im Koptischen gebräuchlichen Form der Bruchzahlworte indirekt zum Ausdruck. Das koptische Wort ⲟⲩⲱⲛ „Teil“ (auch verkürzt ⲟⲩⲛ̄-), das mit dem Genitiv einer Kardinalzahl verbunden Bruchzahlen bildet, enthält eine Form des Zahlwortes ⲟⲩⲁ „eins“, möglicherweise ein altes Zahlabstraktum „Einheit“[4]). Die Ausdrücke

ⲡⲟⲩⲱⲛ ⲛ̄-ϥⲧⲟⲟⲩ „das Viertel“,

ⲡⲟⲩⲛ̄-ⲡ̄-ϣⲟⲙⲛ̄ⲧ „das Drittel“ (Zach. 13, 8. 9),

bedeuten also eig. „die Eins (oder Einheit) von 4“ resp. „von 3“.

---

[1]) Von rechts zu lesen.

[2]) Es ist verlockend, eine phonetische Schreibung *r wc* dieses mutmaßlichen alten Ausdrucks für 1/3 wiederzufinden in der von Lepsius, Metalle S. 50, notierten Variante aus griechisch-römischer Zeit 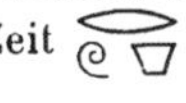 (Düm. Geogr. Inschr. II 66, 3) für einen Namen des Silbers, der sonst 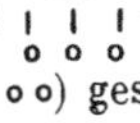 *r 3* (d. i. die normale spätere Schreibung für 1/3 mit dem Determinativ der Metalle ∘∘∘) geschrieben wird, und augenscheinlich Silber mit 1/3 Feingehalt an Gold bezeichnete, wie die entsprechend von 2/3 gebildete Bezeichnung des Elektrons das Gold mit 2/3 Feingehalt (s. u. S. 94). Doch ist die Lesung *r wc* falsch; es ist vielmehr *r šc* zu lesen, und es liegt die häufige Redensart *r šc n wdb* „mehr als der Sand des Meeresufers“ vor. Der Gedanke, daß sich ein so uralter Ausdruck, wie das vermutete *r 1* für 1/3 doch sein müßte, noch neben dem später üblichen *r 3* (ⲡⲣⲉ-ϣⲟⲙⲛ̄ⲧ) bis in die griechisch-römische Zeit gehalten haben sollte, wäre auch nicht eben wahrscheinlich.

[3]) Caussin de Perceval, Grammaire arabe vulgaire[4] S. 116.

[4]) Hierzu wie zum folgenden s. meine Ausführungen Ztschr. f. äg. Sprache 47, 1 ff.

Das Prototyp dazu findet sich auf der sogen. Naukratisstele aus der Zeit des Nektanebos I., eines Königs der letzten einheimischen Dynastie Ägyptens (378—361 vor Chr.), in der Gestalt des Ausdrucks 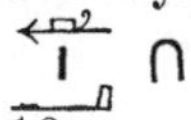 oder 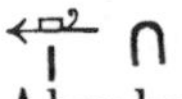 *wc* (*m*) *10* „eins (von) 10“, der dort zweimal für eine 10prozentige Abgabe, den „Zehnten“, vorkommt[1]), und dem in einer von Wilcken dazu angezogenen griechischen Parallele μέρος τὸ δέκατον entspricht[2]): „man gebe eins von 10 von dem Golde, von dem Silber, von dem Holze, von dem Zimmermannswerk und von allem, was sonst vom Meere der Griechen kommt, ... und eins von 10 von dem Golde, von dem Silber und allem, was sonst sich befindet im Bezirke des Hafens, der Naukratis genannt wird, ... für das Opfergut meiner Mutter Neith“ [3]).

Der Ausdruck, der unserm „eins vom Hundert“ genau entspricht und mit der oben S. 61 angeführten Umrechnung von $^1/_3$ $^1/_{15}$ in „2 Teile von fünfen“ zu vergleichen ist, stellt wie diese eine Art Umschreibung des Bruches dar. Er hat sein genaues Analogon in dem hebräischen: אֶחָד מִן־הָעֲשָׂרָה *ʾeḥād min hā-cašārā* „eins von den zehn“ für $^1/_{10}$, ἕνα ἀπὸ τῶν δέκα, Nehem. 11, 1.

Entsprechend ist auch die im Arabischen übliche Umschreibung der „stummen“ Brüche, d. h. der Brüche, deren Nenner größer ist als 10. Soweit diese Brüche nicht in der oben S. 66 angegebenen Weise durch Bruchteile von Brüchen umschrieben werden können, z. B. bei $^1/_{13}$, hilft man sich so, daß man „ein Teil von 13 Teilen“ sagt[4]), den Bruch also in der gleichen Weise umschreibt, wie es auch mit gemischten Brüchen, deren Nenner größer als 10 ist, geschieht (s. ob. S. 61).

b) Stammbrüche mit ⲣⲉ- „Mund“

Die ältere Form der ägyptischen Bruchzahlen, die den Bruchziffern, hieroglyphisch von $^1/_3$ an, hieratisch und demotisch von $^1/_5$ an, zugrunde liegt, und die wir vom alten Reiche bis in das Koptische (dort neben der

[1]) Die vor der Zahl 10 zu ergänzende Präposition *m* wird im späteren Ägyptischen, speziell im Demotischen, oft unbezeichnet gelassen. Im vorliegenden Falle mag dazu auch noch der Umstand beigetragen haben, daß das Zahlwort 10 mit *m* anfing (ⲙⲏⲧ).

[2]) Ztschr. f. äg. Sprache 38, 133.

[3]) Eine abgekürzte Schreibung für einen entsprechenden Ausdruck für „eins von 1000“ nach Art der oben S. 47 besprochenen Schreibungen (*t 1000* für *ḫ*; *m t* „1000 von Brot“), könnte möglicherweise das in demselben Texte (Z. 11) vorkommende: *iḥ 1000 wc* „Rind 1000 eins“ enthalten, das etwa *wc* (*m*) *1000* (*n*) *iḥ* „eins von 1000 von Rind(ern)“ zu lesen sein könnte. Hier würde es sich dann aber nicht um einen Bruchzahlausdruck handeln, sondern um einen Verhältnisausdruck. Da das Wort *iḥ* „Rind“ nicht den Zusatz *nb* „alle“ hat, würde ein Bruchzahlausdruck gleich dem oben behandelten *wc* (*m*) *10* „eins von 10“ hier „$^1/_{1000}$ Rind“ bedeuten und nicht „ein Rind von je Tausend“, wie es der Sinn zu erfordern scheint.

[4]) Vgl. Cantor, Gesch. d. Mathem.[3] I 718.

eben besprochenen jüngeren Form) in Gebrauch finden, besteht aus dem Worte *r* „Mund", das wir oben schon mehrmals als Bezeichnung für Bruchteile angetroffen haben (*r mꜣ* = 1/32 der Arure, *r* = 1/320 des Scheffels, *r 1* = 1/3, *r 2* = 2/3 als Bruchzahlen), und der ihm unmittelbar folgenden Zahl des Nenners, die dabei, wie das Koptische bestätigt, die Form einer Kardinalzahl hat:

 *r 5* = 1/5,  *r 10* = 1/10.

 *r 12* = 1/12.

 *r 360* = 1/360 (Siut I 285 u. ö.).

 *r 1358* = 1/1358 (Mathem. Handb.).

Der Zähler bleibt dabei also ganz unbezeichnet. Dafür pflegt der Ausdruck in der jüngeren ägyptischen Sprache (im Neuägyptischen, Demotischen und Koptischen), wenn er selbständig und nicht als Zusatz zu einer ganzen Zahl (also als Ziffer) steht, den bestimmten Artikel *pꜣ* (п : пι) zu erhalten, gerade wie unser „das Drittel", „der dritte Teil":

pꜣ r 5 „das Fünftel", Ryl. dem. 9, 9, 13.

пре-ϥтооⲩ „das Viertel",

пре-мнт „das Zehntel", „der Zehnt",

пιре-ⲉ̄ τὸ πέμπτον μέρος, Gen. 47, 24 (boh.).

Danach wird man auch in der alten Sprache, die den Artikel noch nicht kennt, den Bruchausdruck als determiniert aufzufassen haben.

Das Wort *r* „Mund" (ро), das in dieser Verbindung nach den koptischen Formen im Status constructus steht (ре-, dialektisch ра-[1]), hat dabei die Bedeutung „Teil", in der es sich auch sonst einigemale belegen läßt:

r mḥ ir·t Ḥr m r·w-s nb () „um das Horusauge mit allen seinen Teilen zu füllen"[2]).

пϩос ет-о п̄-шомн̄т п̄-ро sah.[3]) } „der Strick, der aus 3 Teilen besteht"
пιноϩ ет-оι н̄-г̄ н̄-ро boh.[4]) } τὸ σπάρτιον τὸ ἔντριτον, Eccles. 4, 12.

Dieser Gebrauch des Wortes für „Mund" findet sich genau so im Hebräischen wieder in dem Ausdruck פִּי־שְׁנַיִם *pi-šᵉnajim* „2 Münder", der sowohl das Doppelte bezeichnet (διπλᾶ, Deut. 21, 17) wie den Bruch 2/3 (τὰ δύο μέρη, Zach. 13, 8). Ihm entspricht in Form und Bedeutung genau der babylonische Ausdruck für 2/3 *šini-pu*, *šini-patu* „2 Münder"[5]). Das Hebrä-

---

[1]) z. B. stets in den von Crum herausgegebenen Djême-Urkunden.

[2]) Brugsch, Thes. III 604, 7.

[3]) Cod. Par. 44, 118.

[4]) Zoega, Cat. cod. copt. 121.

[5]) Zimmern, Sitz. Ber. Sächs. Ges. d. Wiss. 53, 51.

ische gebraucht statt des Wortes „Mund“ in den Bruchbezeichnungen sonst das für die „Hand“ *jād*[1]) (s. u. Abschn. 6).

Wie man sich diese Bedeutungswandlung des Wortes „Mund“ zu „Teil“ zu erklären hat, stehe dahin; ob es als „Mundvoll“ (und entsprechend bei dem Worte „Hand“ als „Handvoll“) gedacht ist, was eventuell der Anwendung des Ausdrucks als Hohlmaß (= $^1/_{320}$ des Scheffels) zugrunde liegen könnte[2]), oder als „Teil“ des Körpers (ebenso die „Hand“) wie das griech. μέρος, oder endlich als „Rand“ (das bedeutet in der Tat sowohl das äg. *rŏ* wie das hebr. פֶּה *pè* nicht selten) resp. Seite (was ja auch für die „Hand“ paßte)? Uns muß die Tatsache genügen, daß das Wort sicher „Teil“ bedeutet.

Für die Schreibung der mit *r* „Mund“ gebildeten Stammbruchzahlen ohne Nennung des Zählers ist es Regel, daß dabei das Wort „Mund“ stets nur in seiner alten ideographischen Schreibung 𓂋 erscheint. Es erhält niemals den Strich, den es sonst schon im alten Reiche zu erhalten pflegt (𓂋𓏤), und der andeuten soll, daß das Bild des Mundes in seiner ursprünglichen ideographischen Bedeutung „Mund“ steht und nicht nur mit dem abgeleiteten Werte als phonetisches Zeichen für den Konsonanten *r*.

Das Fehlen dieses Striches bei 𓂋 „Mund“ ist sonst ein Zeichen von Altertümlichkeit, und namentlich bei alten festen Zusammensetzungen, in Titeln und dergleichen üblich. Es ist gewiß auch im vorliegenden Falle so zu deuten. Denn daß der Strich etwa deswegen vermieden worden sei, weil er in Verbindung mit den Einerzahlen versehentlich selbst für einen Einer hätte gehalten werden können, das ist unglaublich. Da man gerade in älterer Zeit den Strich stets gesondert stellt und für die Gruppierung der Einer ja feste Regeln bestehen, wäre tatsächlich wohl kaum eine Verwechslung möglich gewesen, wenn man 𓂋𓏤𓏽 oder 𓂋𓏤𓐀 für $^1/_4$, $^1/_7$ geschrieben hätte. In der Tat schreibt man ja später auch unbedenklich 𓂋𓏤𓏥 für den Pluralis *r·w* „Münder“, und bereits im alten Reich finden sich Schreibungen wie 𓆳𓏏𓏤𓎆𓎆 für *rnp·t 20* „20 Jahre“ und 𓆳𓏏𓏤𓏿 für *rnp·t 6* „6 Jahre“[3]).

So ist also auch den mit *r* „Mund“ und einer Nennerzahl gebildeten Stammbruchausdrücken, wenngleich sie jünger als die Halbierungszahlen und die Dreiteilungszahlen sein dürften, gewiß ein relativ hohes Alter zuzuerkennen.

---

[1]) Ebenso wird nach Littmann im Äthiopischen das Äquivalent *ʾĕd* „Hand“ gebraucht.

[2]) Auch der Gebrauch von *r* „Mund“ für literarische Stücke (Spruch, Kapitel), könnte so gedeutet werden, daß hier ein Abschnitt, Teil oder Stück als „Mundvoll“ von Worten bezeichnet sei.

[3]) Biographische Inschrift des *Nḫbw* aus Dyn. 6, von G. Reisner bei Gize ausgegraben, jetzt im Museum von Kairo, mir von ihrem Entdecker freundlichst mitgeteilt.

Der Ägypter schrieb ursprünglich in senkrechten Kolumnen von oben nach unten und ist erst im Laufe der Zeit und allmählich zur Umbrechung dieser Kolumnen in wagerechte Zeilen übergegangen. Dem entspricht es, daß in unsern Bruchausdrücken die Nennerzahl, die nach dem Koptischen ja dem Worte 𓂋 *r* „Mund" folgte (ⲣⲉ-ⲙⲏⲧ), stets unter diesem steht. Das Bemerkenswerte ist, daß diese Stellung auch beim Schreiben in Horizontalzeilen beibehalten wird.

Erst ganz spät, in ptolemäischer Zeit, begegnet man gelegentlich auch Schreibungen wie:

𓂋 IIII für 1/4, Ztschr. f. äg. Sprache 3, 68 (Tafel, Zeile 7).

𓂋 𓍢 für 1/100, Urk. II 103 (Stele von Pithom).

Ist der Nenner eine zusammengesetzte Zahl, die beispielsweise aus einer Zehner- und einer Einerzahl, oder aus einer Hunderter- und einer Zehnerzahl besteht, so steht das Bruchzeichen nur über der ersten, größten Zahl, s. ob. S. 85. Ebenso im Hieratischen und Demotischen, der Schrift des praktischen Lebens.

Im Hieratischen ist das Zeichen 𓂋 zu einem Punkt oder kurzen klecksartigen, nach rechts herabgehenden Keil oder Strich verflüchtigt, der über der Nennerzahl stehend die Bruchzahl (z. B. 1/7) von der ganzen Zahl (7) unterscheidet[1]):

 1/6,  1/8,  1/10,

 1/11, 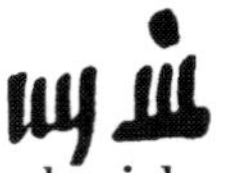 1/64,

wo das Bruchzeichen über der rechts (d. i. vorn) stehenden Zehnerzahl steht.

Im Demotischen, der Fortsetzung des Hieratischen, hat der Punkt die Gestalt eines schrägen, nach links herablaufenden Striches angenommen[2]). Es ist das die Form, die das Zeichen des Mundes im Demotischen auch als Lautzeichen *r* zu haben pflegt, sodaß eine Repristination vorzuliegen scheint. Diese ist ja auch durchaus begreiflich, da das Bruchzeichen, wie die koptischen Formen zeigen, wirklich *rê* gelesen wurde:

 1/5.  1/10.  1/12.  1/35[3]).

---

[1]) Möller, Hierat. Paläogr. Nr. 671ff. (I Taf. 65; II Taf. 61; III Taf. 63). — Gelegentlich fehlt dieser Punkt auch, sodaß der Bruch wie die ganze Zahl aussieht, so z. B. öfters im Mathem. Handb. des Pap. Rhind, herausgegeben von Eisenlohr, und auf der S. 74 erwähnten, von Daressy veröffentlichten Rechentafel. Natürlich geschieht das aber nur, wo jedes Mißverständnis ausgeschlossen ist; also z. B. bei Zahlausdrücken wie 7 1/64, wo die Zahl 64 hinter der niedrigeren Zahl 7 nur den Bruch 1/64, nicht die ganze Zahl 64, bedeuten kann. Dagegen würde man eine Zahl wie 10 1/7 nie so schreiben, da sie ohne den Bruchpunkt über der 7 selbstverständlich nur 17 gelesen würde.

[2]) Brugsch, Gramm. démot. § 141. Griffith, Rylands dem. pap. III 418.

[3]) Das letzte Beispiel Revillout, Chrest. démot. 89.

Es liegt nahe, einen Zusammenhang zwischen diesem schrägen Strich, unter dem der Nenner des Bruches steht, und unserem Bruchzeichen zu vermuten. Die griechischen Papyri usw. haben eine ganz entsprechende Schreibung mit einem wagerechten Strich über, oder schrägen Strich hinter der Nennerzahl: $\overline{\gamma}$ oder γ' 1/3, $\overline{\delta}$ oder δ' 1/4 (s. ob. S. 62), und ohne Angabe des Zählers 1. Dort pflegt der Strich aber als Kennzeichen der Ordinalzahlworte (τὸ τρίτον) gedeutet zu werden[1]). Ob mit Recht, erscheint zweifelhaft angesichts der ganz analogen Schreibung für 2/3 (δίμοιρον) $\overline{\beta}$.

Die Ägypter selbst haben das aus dem hieroglyphischen Bilde des Mundes hervorgegangene Zeichen ⁄ später in der Tat für ein allgemeines Kennzeichen der Brüche (Stammbrüche) gehalten. Man würde das noch nicht daraus schließen können, daß es im Demotischen nicht selten auch über die alten Bruchzeichen für 1/4 und 1/3 gesetzt wird, die ihrem Ursprunge nach nichts mit den jüngeren, aus *r* „Mund“ und der Nennerzahl gebildeten Bruchzahlen zu tun hatten. Da diese beiden Brüche im Laufe der Zeit durch Neubildungen nach Art der andern Stammbrüche ersetzt worden waren ( *r 4*,  *r 3*) und nun tatsächlich *rĕ-fdŏw*, *rĕ-ḫŏmt* gesprochen wurden, so war die Schreibung mit dem aus *r* entstandenen Bruchstrich bei ihnen nur natürlich. Bei 1/4 war sie ja übrigens schon im Hieratischen des neuen Reiches zur Unterscheidung von × *ḥasb* „Viertelarure“ üblich (s. ob. S. 78).

Dasselbe geschieht im Demotischen nun aber auch bei dem Bruchzeichen für 1/2 , das man doch nach wie vor *gŏs* las. Auch es wird ebenso häufig wie 1/3, 1/4 mit dem ihm von Rechts wegen nicht zukommenden Bruchstrich, dem Nachkommen des alten *r* „Mund“, versehen: . Hier hat der Strich also wirklich die Bedeutung eines allgemeinen Kennzeichens der Stammbrüche bekommen.

c) Stammbrüche mit ⲧⲉⲣⲉ- „Bruchteil“.

Im Koptischen finden wir neben der alten Form der Bruchbezeichnungen, die mit *r* „Mund“ (ⲣⲉ-) gebildet ist, und der oben S. 83 besprochenen Umschreibung mit ⲟⲩⲱⲛ noch eine dritte Art, die sich von der ersteren nur dadurch unterscheidet, daß sie statt des Elementes ⲣⲉ- ein ⲧⲣⲉ- (sahid.) oder ⲧⲉⲣⲉ- (bohair.) enthält, das offenbar gleichfalls die verkürzte Form eines Wortes (Status constructus) darstellt:

ⲡⲧⲣⲉ-ϥⲧⲟⲟⲩ „das Viertel“ sahid., Stern, Kopt. Gramm. § 288.

ⲡⲓⲧⲉⲣⲉ-ⲅ̅ „das Drittel“ bohair., Zach. 13, 8. 9 (τὸ τρίτον) neben ⲧⲟⲓ ⲥⲛⲟⲩϯ „zwei Teile“ = 2/3 (τὰ δύο μέρη).

---

[1]) So z. B. Wilcken, Grundzüge der Papyruskunde S. XLVI.

In diesem Element ⲧⲣⲉ- : ⲧⲉⲣⲉ-, das nach Lage der Dinge die Bedeutung „Teil“ gehabt haben muß wie ⲣⲉ-, hat man gewiß den Status constructus eben des Wortes zu erkennen, das ihm an der letztgenannten Stelle in unverkürzter Form gegenübersteht, ⲧⲟⲉ : ⲧⲟⲓ „Teil“, „Bruchstück“ (fem.), wenngleich das Geschlecht ein anderes ist. Der Geschlechtswechsel vom Femininum zum Maskulinum ist im Koptischen eine sehr gewöhnliche Erscheinung[1]) und könnte im vorliegenden Falle bei ⲧⲣⲉ- : ⲧⲉⲣⲉ- durch die Analogie des mask. ⲣⲉ- „Mund“ unterstützt worden sein.

Auf Angleichung an ⲣⲉ- könnte man es auch schieben, daß in ⲧⲣⲉ- : ⲧⲉⲣⲉ- an Stelle des zweiten Stammkonsonanten, der in ⲧⲟⲉ : ⲧⲟⲓ weggefallen ist, ein *r* erscheint. In der altägyptischen Form des Wortes wird dieser Konsonant in der Schrift durch *n* bezeichnet, womit auch das dem *r* verwandte *l* gemeint sein könnte. Das Wort wird dort *dni·t* oder abgekürzt geschrieben, welch letztere Schreibung auch der demotischen Schriftform , oder zugrunde liegt[2]). Das ideographische Kennzeichen des Wortstammes ist also ein zerbrochener Ring (), sodaß die Bedeutung „Bruchstück“ (*fragmentum*), „Bruchteil“, die das Wort in der Tat oft hat (sowohl im Demotischen wie im Koptischen), als Grundbedeutung dafür anzunehmen sein wird.

Dieses Wort *dni·t* gebrauchen die demotischen Rechtsurkunden nun ständig da, wo von Erbteilen oder Eigentumsanteilen die Rede ist, in genitivischer Verbindung mit einem der alten Bruchzeichen, sei es der alten Zeichen für $1/2$, $1/3$, $1/4$ (und auch $2/3$, s. u.), sei es der jüngeren für

---

[1]) Siehe Ztschr. f. äg. Sprache 47, 6 Anm. 2; ib. 11. 21 Anm. 2. — Siehe auch ob. S. 17.

[2]) Man stellt das demotische Wort und das koptische ⲧⲟⲉ allgemein mit dem alten Worte *tj·t* zusammen, in der irrigen Voraussetzung, daß dieses auch „Teil“ bedeutet habe. Dem ist jedoch nicht so; es bedeutet überall „Bild“, „Zeichen“ (z. B. die Hieroglyphen), vielleicht auch „Ziffer“ (s. ob. S. 77 Anm. 2), aber nirgends „Teil“. — Die Gleichsetzung ist aber auch lautlich und paläographisch unmöglich. Das ⲧ der boh. Form ⲧⲟⲓ zeigt, daß der alte *t*-Laut kein *t*, sondern ein *d* gewesen ist, da andernfalls nach den Lautgesetzen im bohairischen Dialekte Aspiration hätte eintreten müssen. Die demotische Schreibung geht denn auch ganz augenscheinlich nicht auf das von *tj·t* zurück, das im Demotischen ganz anders geschrieben wird (vgl. *tj* „Hieroglyphe“, Dekret von Kanopus Tanis demot. 64 = hierogl. 32), sondern auf , vgl. dafür im Dekret von Kanopus: „es werde ein (Anteil) gegeben den Priestern“, Tanis hierogl. 16 = „es werde ein (Anteil) den Priestern“, demot. 31 = „die Priester sollen μετέχειν“, griech. 31. Dieses Zeichen aber eignet eben dem Stamme *dnỉ*, der denn, um die Beweiskette zu schließen, auch wirklich das für ⲧⲟⲓ nach den Lautgesetzen zu postulierende *d* als ersten Konsonanten enthält.

Was aber den immerhin nicht gewöhnlichen Wegfall des *n* betrifft, so ist er in dem Wortstamme *dnỉ* tatsächlich, und zwar schon für ziemlich frühe Zeit, bezeugt durch den Wechsel des Zeichens mit den Zeichen *dw* und *dw3* in dem Worte *dnỉ·wt* „Gebrüll“, s. Vogelsang, Kommentar zur Geschichte des Bauern (Unters. VI), S. 69/70.

1/5, 1/6 usw., die aus der Verbindung von *r* „Mund“ und der betreffenden Nennerzahl entstanden waren und ja auch entsprechend gelesen wurden. Man sagt also z. B.:

„wir teilen es unter uns“ *wc·t dni·t* 1/4 (= *r 4*) *r wc im-n n p: s 4* „indem ein 1/4-Teil auf einen von uns Vieren kommt“, Berl. Pap. 3118, 15.

t:j-n dni·t 1/6 (= *r 6*)[1]) „unser 1/6-Teil“, Ryl. 19, 4.

t:j-j dni·t 1/3 (= *r 3*) „mein 1/3-Teil“, Berl. Pap. 3096, 2.

t:j-w k·t dni·t 2/3 1/12 „ihr anderer 2/3 1/12 (= 3/4) Teil“, Pap. Innsbruck 5.

tn wc·t dni·t 1/3 (= *r 3*) *r wc im-tn n p: s 3* „je ein 1/3-Teil auf einen von euch Dreien“, Berl. Pap. 3118, 17.

Hierher gehören auch die oben S. 60 Anm. 3 und S. 61 zitierten Beispiele, von denen das letztere eine Umrechnung der Stammbruchreihe 1/3 1/15 (*r 3 r 15*) in den gemischten Bruch 2/5 zu enthalten schien.

In diesem Gebrauche der demotischen Urkunden haben wir nun gewiß das Prototyp der koptischen Bruchzahlenausdrücke mit ⲧⲣⲉ- : ⲧⲉⲣⲉ- zu erkennen. Ein Unterschied würde nur darin bestehen, daß in diesen Bruchzahlen eine Kardinalzahl dem Worte ⲧⲣⲉ- : ⲧⲉⲣⲉ- folgt, während in den demotischen Ausdrücken dem *dni·t* eine Bruchzahl folgte, die ihrerseits ja aber (bis auf 1/2 und 2/3) aus dem Worte *r* „Mund“ (ⲣⲉ) und einer Kardinalzahl bestand. Vermutlich ist aber auch dieser Unterschied nur scheinbar, und wir haben in dem kopt. ⲧⲣⲉ- : ⲧⲉⲣⲉ- garnicht, wie wir oben zunächst annehmen mußten, das alte Wort *dni·t* allein wiederzufinden, sondern eben jene Verbindung von *dni·t* (ⲧⲟⲉ : ⲧⲟⲓ, constr. ⲧ- : ⲧⲉ-) mit dem *r* (ⲣⲉ) der alten Bruchzahlen, wie sie in den demotischen Ausdrücken vorlagen. Damit entfällt dann auch die Notwendigkeit, das *r* der koptischen Formen (ⲧⲣⲉ- : ⲧⲉⲣⲉ-) dem *n* des alten *dni·t* gleichzusetzen. Es würde sich also:

demot.	*t:*	*dni·t*	*r*	*5*
kopt.	ⲡⲓ-	ⲧⲉ-	ⲣⲉ-	ϯⲟⲩ

bis auf den Geschlechtswechsel, der sich im Artikel zeigt, genau entsprechen.

d) Die grammatische Rolle der Nennerzahl in den Bruchbezeichnungen.

Wie hat man sich nun in den Bruchbezeichnungen das grammatische Verhältnis zwischen dem Worte für „Teil“ *r* (ⲣⲉ-) und der ihm folgenden Nennerzahl zu denken? In Kreisen der Ägyptologen hat man es sich, wohl unter dem Eindruck der Tatsachen, daß das Wort für „Teil“ dabei stets in der verkürzten Form, dem sogenannten Status constructus, steht, und

[1]) So, nicht 1/3·*t*, wie Griffith las, steht da in Übereinstimmung mit der griechischen Unterschrift.

daß das Zahlwort, das den Nenner bildet, stets ein Kardinalzahlwort ist, bisher allgemein als Genitivverhältnis vorgestellt:
r 10 (ⲣⲉ-ⲙⲏⲧ) = $^1/_{10}$ eig. „Mund (d. i. Teil) von zehn“ [1]).

Träfe das zu, so würden die alten Bruchzahlen dem oben an erster Stelle dieses Kapitels besprochenen jüngern Ausdruck ⲡⲟⲩⲱⲡ ⲡ̄-ⲙⲏⲧ (ⲡⲟⲩⲡ̄-ⲡ̄-ⲙⲏⲧ) „der Teil von zehn“, eig. „die Einheit von zehn“ genau entsprechen. Dann sollte man aber doch wohl eine Angabe des Zählers 1, wie sie in diesem Ausdruck ja implicite enthalten ist, erwarten: „ein Teil von zehn“ nicht „Teil von zehn“ resp. „der Teil von zehn“.

Daß jene genitivische Erklärung tatsächlich nicht zutrifft, werden uns die im folgenden zu erörternden Tatsachen lehren.

6. Komplementbrüche.

(Hierzu Tafel III.)

Die oben S. 60ff. aufgestellte Regel, daß die Ägypter und ebenso die andern Völker des Altertums nur Stammbrüche gekannt haben, wird durch eine Ausnahme durchbrochen. Eine bestimmte Art von gemischten Brüchen kannte man recht wohl, nämlich solche, bei denen der Zähler um 1 kleiner als der Nenner ist, wie $^2/_3$, $^3/_4$, $^4/_5$, $^5/_6$ usw., also die Brüche, die sich mit den entsprechenden Stammbrüchen $^1/_3$, $^1/_4$, $^1/_5$, $^1/_6$ zu einem Ganzen ergänzen, also sozusagen ihre „Komplementbrüche“ darstellen [2]).

a) $^2/_3$.

Von diesen Komplementbrüchen spielt der größte $^2/_3$, der vermutlich noch einer älteren Schicht, den Dreiteilungsbrüchen, angehörte, seit alters eine hervorragende Rolle in der Stammbruchrechnung (z. B. $^2/_3$ $^1/_5$ für $^{13}/_{15}$, $^2/_3$ $^1/_{10}$ für $^{23}/_{30}$), nicht nur bei den Ägyptern, sondern auch bei den andern Völkern, bei denen wir diese Rechenweise verfolgen konnten, insbesondere auch bei den Griechen, die in ihrer Schrift ein eigenes Zeichen dafür haben: 𐅷'' [3]) neben dem gleich zu erwähnenden $\overline{\beta}$.

---

[1]) Erman, Ägypten II 489. — Ebenso ich selbst noch Ztschr. f. äg. Sprache 47, 1 Anmerkung 2.

[2]) Brugsch, Numerorum apud veteres Aegyptios demoticorum doctrina Taf. II, verzeichnet aus einer demotischen Rechnung ein besonderes Zahlzeichen für $^3/_5$, also einen gemischten Bruch, der nicht Komplementbruch eines Stammbruches ist. In Wahrheit ist es nichts als das Zeichen für $^2/_3$, das an der betreffenden Stelle als Annäherungswert dafür gesetzt ist ($^2/_3 = {}^{10}/_{15}$, $^3/_5 = {}^9/_{15}$), wie das in den alten Rechnungen, den ägyptischen wie den attischen, häufig geschieht, wo es sich um die Differenz eines geringfügigen Bruchteils handelt.

[3]) Hultsch, Metrol. script. I 174, wollte dieses Zeichen aus einer Ligatur der Stammbruchaddition ϲ ϛ'' $^1/_2$ $^1/_6$ erklären. Dagegen bestanden von vornherein dieselben sachlichen Bedenken, wie gegen die gleiche Erklärung des ägyptischen Bruchzeichens für $^2/_3$ (S. 93 Anm. 1). In der Tat ist das Zeichen nach Wilcken, Grundriß der Papyruskunde XLVI Anm. 2, nur als eine kursive Form des β aufzufassen.

Die Benennung dieses Bruches $^2/_3$ ist in fast allen alten Sprachen die gleiche: „zwei Teile“. Es bleibt also im Gegensatz zu den Stammbrüchen der Nenner unbezeichnet, und es wird dafür der Zähler genannt. Die derart gebildeten Ausdrücke sind:

babylon. *šini-pu* oder *šini-patu* eig. „zwei Münder“, s. ob. S. 85.

hebr. פִּי־שְׁנַיִם *pī-šᵉnajim* „zwei Münder“, Zach. 13, 8 (s. ob. S. 85), neben הַשְּׁלִשִׁית *haššᵉlīšīt* „das Drittel“, Zach. 13, 8. 9. 2 Reg. 11, 6 (τὸ τρίτον), שְׁתֵּי־הַיָּדוֹת *štē-hajjādōt* „die zwei Hände“, 2 Reg. 11, 7 (griechisch wörtlich übersetzt: δύο χεῖρες ἐν ὑμῖν statt „$^2/_3$ von euch“).

griech. τὰ δύο μέρη (so auch Zach. 13, 8) oder τὸ δίμοιρον; dem entspricht das Zahlzeichen für $^2/_3$, das die griechischen Papyri anwenden: β̄ [1]).

kopt. sah. ⲟⲩⲱⲛ ⲥⲛⲁⲩ „zwei Teile“ (eig. Einheiten), Zach. 13, 8.

kopt. boh. ⲧⲟⲓ ⲥⲛⲟⲩϯ „zwei Teile“, s. ob. S. 89.

Auch die lateinische Bezeichnung *bes* für $^8/_{12}$ in der Zwölftel- oder Unzenrechnung (s. ob. S. 65) hängt mit *bis* „zweimal“, *bini* „je 2“ zusammen, und soll soviel wie *binae partes assis* bedeuten.

Diesem Befunde fügt sich nun auch das altägyptische Wort für $^2/_3$ durchaus ein. Es wird hieroglyphisch so geschrieben:

im alten Reich:  (von rechts zu lesen), Palermostein Vs. 5, 3. 5. 7. 8. 9.

im neuen Reich: , Urk. IV 630. 637. Karnak Montu-Tempel Amenophis' III. (nach eigener Abschrift).

später: 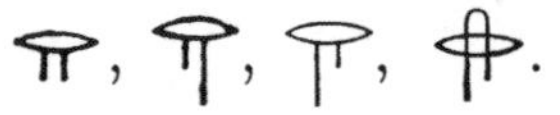.

Im Hieratischen sieht es so aus:

älter: 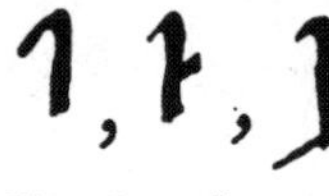 [2]); später:  [3]).

Mit der letzteren, dem neuen Reiche eigenen Form zeigt die von Lidzbarski, Handb. der nordsemit. Epigraphik I S. 202 aus C. I. S. II 7, belegte Sigle für $^2/_3$ eine bemerkenswerte Ähnlichkeit.

Im Demotischen ist das Zeichen für $^2/_3$ zu einem bloßen schrägen, bisweilen etwas gekrümmten Striche geworden:  [4]),  [5]).

Die älteren Schreibungen lassen klar erkennen, daß der Ausdruck aus dem Worte  *r* „Mund“, das wir oben in den Stammbruchzahlen angetroffen haben, und der Zahl 2 bestand, also augenscheinlich genau wie die babylonischen und hebräischen Ausdrücke für $^2/_3$ „zwei Münder“

[1]) Wilcken, Grundzüge der Papyruskunde XLVI. Hultsch, Metrolog. script. I 174.

[2]) Die erste Schreibung auf der oben S. 74 Anm. 2 erwähnten Kairiner Rechentafel, die andern nach Möller, Hierat. Paläogr. Nr. 667 (I Taf. 65).

[3]) Möller a. a. O. II Taf. 61.

[4]) Rosettana dem. 10.

[5]) Brugsch, Gramm. démot. § 142.

d. i. „2 Teile“ bedeutete[1]). Ein wesentlicher Unterschied von den mit *r* „Mund“ gebildeten Stammbruchzahlen zeigt sich aber darin, daß die Zahl hier dem Bilde des Mundes angehängt ist, dort von ihm getrennt war.

Das aus der alten Schreibung zu erschließende Zahlwort für 2/3, *r 2* „2 Münder“, scheint nun aber im Laufe der Zeit durch einen andern synonymen Ausdruck *śꜣ·wj* (s. u.) ersetzt worden zu sein. Wie bei den Zahlworten für 1/3 und 1/4, denen es ja auch so ergangen ist (S. 75ff. 81), scheint aber auch hier bei 2/3 das alte Schriftzeichen im Hieratischen und Demotischen weiter in Gebrauch geblieben und nun mit dem neuen Worte gelesen worden zu sein.

Im Gegensatz zu jenen beiden Fällen aber ist es im vorliegenden Falle auch in der Hieroglyphenschrift beibehalten worden, unter leichten Abänderungen der Form. Die beiden Striche der Zahl 2 rückten zunächst von dem hinteren Ende des Mundes in die Mitte. Alsdann wurde der eine Strich länger als der andere. Das könnte unter dem Einfluß der hieratischen Form geschehen sein. Im Hieratischen ist eine entsprechende Verlängerung des letzten (rechten) Striches einer Reihe parallellaufender senkrechter Striche in der Tat auch sonst zu beobachten (z. B.  = 2,  = 4 usw.), aber das Aussehen der hieratischen Formen legt doch den Verdacht nahe, daß auch sie selbst schon unter dem suggestiven Einflusse des neuen Wortes für 2/3 standen und eine Angleichung des alten Bruchzeichens an den Buchstaben  *ś*, mit dem dieses Wort begann, anstrebten. Die Schriftformen , ,  erinnern durchaus an die Formen , ,  des Zeichens für *ḥbś* „Kleid“, das ja auch das  *ś* enthalten soll[2]). Die späte Variante  sieht geradezu aus, als ob *śr* zu lesen sei.

Es wäre nicht unmöglich, daß bei der Umgestaltung des alten Wortbildes für 2/3 aber auch noch etwas anderes, eine falsche Theorie, mitgewirkt

---

[1]) Der Gedanke von Hultsch (Elemente der äg. Teilungsrechnung S. 35ff.), daß das altägyptische Bruchzeichen für 2/3 nur eine Sigle für die Stammbruchreihe 1/2 1/6 sei, ist also ebenso unrichtig, wie seine gleiche Auflösung der griechischen Sigle für 2/3 (s. ob. S. 91). Er scheiterte auch daran, daß dem Bruche 2/3 nicht selten auch der Bruch 1/6 selbst (z. B. 2/3 1/6 für 5/6), oder ein größerer Bruch mit kleinerem Nenner (z. B. 2/3 1/4 für 11/12) folgt. Beides, die Wiederholung eines und desselben Bruches und die Nachsetzung des größeren Bruches hinter den kleineren (1/4 hinter 1/6), würde den Grundgesetzen der Stammbruchzerlegung zuwiderlaufen.

[2]) 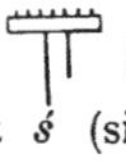 hat in der änigmatischen Schrift und in griechisch-römischer Zeit geradezu den Wert *ś* (siehe meine Bemerkungen in Northampton, Spiegelberg, Newberry, Excavations in the Theban necropolis 1898/9, S. 11*). In den Pyr. Texten findet man öfters  für *ḥbś* geschrieben, als ob das *ś* in dem Determinativ schon zur Genüge ausgedrückt sei.

habe. Es gilt nämlich unter den Ägyptologen als ausgemacht, daß die Schreibung  mit den beiden ungleich langen Strichen unter dem  den gemischten Bruch ²/₃ als Stammbruch $\frac{1}{1\,^1/_2}$ ausdrücken solle[1]), indem der lange Strich die 1, der halblange das ¹/₂ ausdrücke.

Ist diese Erklärung — die den Ägyptern wohl zuzutrauen wäre — richtig, so würde sie zeigen, daß die Ägypter später (aber erst nach dem neuen Reich) die wahre Bedeutung des Zeichens nicht mehr gekannt haben, was ohne weiteres wahrscheinlich ist, wenn sie es nicht mehr *r 2* lasen. Daß aber das Zahlwort ²/₃ nicht etwa wirklich ursprünglich in dieser Weise als $\frac{1}{1\,^1/_2}$ benannt sein könnte, liegt ja auf der Hand und wird zum Überfluß durch die ältere hieroglyphische Form  mit 2 gleichlangen Strichen bestätigt.

Der Bruch ²/₃ wird als Zahl, wie gesagt, zu allen Zeiten lediglich mit dem alten Zahlzeichen, dem Wortbilde des Ausdrucks *r 2*, geschrieben. Das Synonym dazu, dem dieses alte *r 2* Platz gemacht zu haben scheint, lernen wir nur noch in einer speziellen Anwendung kennen, in der Benennung für eine gewisse Qualität des Goldes „²/₃“-Gold.

Dieses Edelmetall, das wohl nur ²/₃ Feingehalt hatte, pflegt in den Aufzählungen der Metalle hinter dem reinen Golde (*nbw*, *ḏcm*) zu rangieren und tritt bisweilen als Material für solche Gegenstände auf, die sonst aus Silber (äg. *ḥḏ* „weißes Gold“) gefertigt zu sein pflegen. Es dürfte also das Elektron sein, wie die Alten das Gold nannten, sobald es mehr als zum 5. Teile Silber als Beimischung enthält[2]). Diesem „²/₃“-Golde steht die oben S. 83 Anm. 2 erwähnte Bezeichnung „¹/₃“-Gold für eine vorwiegend Silber enthaltende Qualität gegenüber.

In den Tempelinschriften der griechisch-römischen Zeit werden beide Qualitätsbezeichnungen vielfach schlechthin für das Metall, das sie zum größeren Teile enthalten, und dem sie daher zugerechnet werden, gebraucht. Das „²/₃“-Gold tritt für das Gold (äg. *nbw* ⲛⲟⲩⲃ), das „¹/₃“-Gold für das Silber (äg. *ḥḏ* ϩⲁⲧ) ein. Ob das nur dem in dieser Tempelliteratur überall hervortretenden Bestreben zuzuschreiben ist, möglichst viele Ausdrücke für denselben Gegenstand zu verwenden, oder ob es auf mangelnder

¹) Griffith, Hieratic papyri of Kahun, Text S. 15. Daressy, Rec. de trav. 28, 63. Möller, Hierat. Paläogr. I Taf. 65. — Dagegen sprach sich aus Hultsch, Elemente der äg. Teilungsrechnung I S. 30 Anm. 2.

²) *„Omni auro inest argentum vario pondere, alibi nona, alibi octava parte. Ubicumque quinta argenti portio est, electrum vocatur“*, Plin. nat. hist. 33, 23. — Lepsius, der diese Stelle zitiert (Metalle S. 46), wollte bekanntlich das Elektron in dem *ḏcm*-Golde der ägyptischen Texte, das er irrig *wsm* las, erkennen. In der Inschrift von Rosette entsprechen sich hierogl. *ḏcm* = demot. *nb* (ⲛⲟⲩⲃ) = griech. χρυσός.

Kenntnis der eigentlichen Bedeutung der alten Ausdrücke beruhte, wissen wir nicht[1]).

Der Name des „²/₃“-Goldes wird nun in den verschiedenen Perioden der ägyptischen Geschichte so geschrieben:

Altes Reich (Dynastie 6) in Texten, die vermutlich schon älter sind:

 oder  *śꜣ·wj*, Pyr. 706 b (als Stoff der Sonne). Zur Schreibung vgl. Verbum I § 125. Lacau, Rec. de trav. 35, 76.

 Pyr. 1416 a (als Stoff eines kostbaren Königsschurzes *śwḥ*).

Neues Reich (Dyn. 18):

, Urk. IV 168 (zweimal hinter *ḏcm*-Gold, vor „Schwarzkupfer“ genannt). ib. 875 (hinter *nūb*-Gold, vor Lapislazuli, Malachit, Schwarzkupfer). Elephantine, im Quai verbaute Steine Thutmosis' III, mitgeteilt von Gardiner (gefolgt von Kupfer, als Material einer Statuette, die ein Salbgefäß vor sich hält).

, Karnak, Montu-Tempel Amenophis' III. (hinter *ḏcm*-Gold, vor Schwarzkupfer).

 ebenda („ein Denkmal reich an *nūb*-Gold, viel an ²/₃-Gold, ohne Zahl an Lapislazuli und Malachit“), fehlerhaft veröffentlicht, Rec. de trav. 13, 172.

---

[1]) Wenn die hieroglyphischen Inschriften des Tempels von Dendera das Zeichen für ²/₃ auch geradezu statt des Zeichens für Gold in dem Namen der Hathor (*nūb* „Gold“) und ihrer heiligen Kuh schreiben, so kann das in keiner Weise so gedeutet werden, daß der Bruch ²/₃ allgemein den Lautwert *nb* hatte (Brugsch, Wörterb., Eisenlohr im Math. Handb. u. a.). Falls hier wirklich *nub* „Gold“ zu lesen sein sollte, so würde hier nur ein in dieser Inschriftenliteratur allerorten zu beobachtendes Verfahren vorliegen, das darin besteht, daß die Schreibung eines speziellen Ausdrucks auf den allgemeineren übertragen wird. So wird das Bild des Obelisken, obwohl dieser *tḫn* hieß, zum Zeichen für *mjn·w* „Denkmal“ und von da für *mn* „bleiben“, *ʾImn* „Amun“; das Bild des Gottes von Edfu, obwohl dieser *Bḥdtj* hieß, zum Zeichen für *nśw·t-bj·t* „König von Ober- und Unterägypten“ allgemein; das Bild der Harfe, obwohl diese *bǒjnet* hieß, zum Zeichen für *ḏd* „sagen“ überhaupt (Junker, Gramm. der Denderatexte S. 132). Es wäre verkehrt, aus diesen Übertragungen zu schließen, daß der Obelisk nur noch *mjn·w*, der Gott von Edfu nur noch *nśw·t-bj·t*, die Harfe nur noch *ḏd* geheißen habe. Übrigens findet sich der Ausdruck *śꜣ·wj*, wie Herr Dr. Grapow aus den Materialsammlungen des Berliner Wörterbuchs freundlichst festgestellt hat, auch in seiner phonetischen Schreibung von der Göttin Hathor gebraucht, die „*śꜣ·wj* unter den Göttern“ genannt wird (Düm., Baugesch. 25. Result. 21, 9/10. Mar., Dend. II 33 d), wie sie anderwärts das „Gold unter den Göttern“ oder das „Silber unter den Göttinnen“ heißt. Damit entfällt die Notwendigkeit, das Zeichen für ²/₃ in den Benennungen der Hathor *nūb* zu lesen. — Es kommt in griechisch-römischer Zeit aber auch vor, daß man phonetische Schreibungen eines Wortes da gebraucht, wo man offenbar, dem veränderten Stande der lebenden Sprache folgend, ein anderes synonymes Wort las, also ähnlich wie im Pehlewi. So wäre es nicht undenkbar, daß man die phonetischen Schreibungen des alten Ausdrucks für das ²/₃-Gold später wirklich *nūb* gelesen habe.

, Urk. IV 637, 21 (als Material eines Schreines genannt in Abteilung VII der Liste der Weihgeschenke, mitten unter lauter Gegenständen aus Silber; daselbst ist in Abt. I bis V das Gold, in Abt. VI und VII das Silber, in Abt. VIII die Edelsteine, in Abt. IX und X Erz und Stein verzeichnet). Karnak Montu-Tempel Amenophis' III. (der Estrich des Tempels, der sonst meist aus Silber sein soll, ist hier aus „2/3"-Gold). Urk. IV 1150 (desgl.).

Neues Reich (Dyn. 20):

, Harris 52a, 8 (hinter „gutem Golde", vor „weißem Golde").

Griechisch-römische Tempelinschriften:

phonetisch: , Rochem. Edfou I 46. , Leps., Metalle 32. , Brugsch, Wörterb. 1162. , Lepsius, Metalle 32. (mit dem zu *ś:* entwerteten Zeichen *śj:*), Rochem. Edfou I 590.

mit Zahlzeichen: , Lepsius, Metalle 32. , Düm. Geogr. Inschr. II 66, 2 (ib. 69, 2 wohl verschrieben und dann korrigiert?).

Aus allen diesen Varianten geht klar hervor, daß wir es hier mit einem mask. Dualis *ś:·wj*, alt bezeichnet durch zweimalige Wiederholung des *:* und des Determinativs für Gold, später auch durch die mask. Dualendung *wj*, zu tun haben.

Daß dieses dualische *ś:·wj* nach seiner Form und Anwendung ein Synonym des alten *r 2* „zwei Teile" gewesen sein muß, liegt auf der Hand. Und in der Tat kennen wir das Wort, von dem es gebildet ist; es ist das kopt. ⲥⲁ „Seite", „Teil" (μέρος)[1]), das in älteren Texten oder [2]), wie das mit ihm zusammenhängende Wort für „Rücken" (kopt. ⲥⲟⲓ)[3]), in späteren Texten *ś:* geschrieben

[1]) z. B. in τὰ μέρη τῆς Λιβύης, Act. 2, 10; τοῦ μέρους τῶν Φαρισαίων, ib. 23; ⲡⲟⲩⲁ ⲛ̄-ⲡⲥⲁ τὸ ἓν μέρος „der eine von den beiden Teilen, Seiten (Parteien)" der Ratsversammlung, ib. 23, 6.

[2]) In den Pyr. Texten mehrfach belegt in Ausdrücken, die das Sitzen Seite an Seite mit jemandem ausdrücken: „N. N. sitzt, seine Seite () gegen die *dśr·t* in Heliopolis", Pyr. 506 b; „er setzt sich, seine Seite (ebenso geschrieben) gegen Geb", Pyr. 398 c; „sitzend auf der *ścnḫ·t m:c·t*, seine Seite gegen die Seite jener Götter, die im Norden des Himmels wohnen, der nicht untergehenden Sterne, und er geht nicht unter", Pyr. 1080 a; „du setzest die Seite () des N. N. gegen die *iw·t* (Determinativ), gegen die, welche vor ihren Schwestern ist (gleiches Determinativ), du läßt den N. N. sitzen wegen seiner Gerechtigkeit", Pyr. 1218 c.

[3]) Im Ägyptischen fast nur noch in gewissen Verbindungen belegt, wie die präpositionellen Ausdrücke *m-ś:* „hinter" („im *ś:* von"), *r-ś:* „nach" von der Zeit („am *ś:* von"), *ḥr-ś:* urspr. „auf", später „hinter" („auf dem *ś:* von"), und die Redensart: „den Rücken (oder die Seite?) geben gegen etwas" für etwas verlassen, aufheben, beseitigen.

wird[1]) mit dem Bilde der Mauer, wie das gleichfalls mit ihm zusammenhängende Wort *śꜣ·wt* „Mauer“, „Wand“ (kopt. ⲥⲟⲓ in ⲟⲩⲉϩ-ⲥⲟⲓ „Dach“).

Daß der Gebrauch des Ausdrucks *śꜣ·wj* „die zwei Teile“ (τὰ δύο μέρη) für 2/3-Gold sehr alt sein muß, ist nicht nur aus seinem Vorkommen in den Pyramidentexten zu entnehmen, sondern auch daraus, daß in ihm der Dualis ohne Hinzufügung des Zahlwortes 2 noch ebenso als Ausdruck der Zweiheit schlechthin verwendet ist, wie in den Zahlworten 2 (*śn·wj* ⲥⲛⲁⲩ, fem. *śn·tj* ⲥⲛ̄ⲧⲉ : ⲥⲛⲟⲩϯ), 20 (**ḏbꜥ·tj* ϫⲟⲩⲱⲧ : ϫⲱⲧ), 200 (*š·tj* ϣⲏⲧ). Der einfache Dualis ist in geschichtlicher Zeit sonst nur noch bei paarweise vorkommenden Gegenständen üblich und bezeichnet also „die beiden“, nicht „zwei“.

Zweifeln könnte man nur noch, ob der Gebrauch des Ausdrucks nicht überhaupt nur auf den Gehalt des Goldes beschränkt gewesen sei. Es wäre ja denkbar, daß die jungen Schreibungen mit dem Zahlzeichen für 2/3 nur die Bedeutung, nicht die Form des Wortes hätten angeben sollen, oder auch daß der Ausdruck für das 2/3 gehaltige Gold erst in griechisch-römischer Zeit zum Ausdruck für den Bruch 2/3 allgemein geworden sei, etwa wie die römische *uncia* zum „Zwölftel“.

Widerlegen lassen sich solche Zweifel natürlich nicht. Nimmt man aber alles in allem, so scheinen sie angesichts des Wandels in den Formen des Zahlzeichens für 2/3 und der Tatsache, daß die griechisch-römischen Tempelinschriften im allgemeinen eine starke Neigung haben, alte Weisheit auszukramen, nicht sehr berechtigt. Es scheint doch im ganzen das Natürlichste zu sein, in *śꜣ·wj* ein uraltes Synonym von *r 2* „zweidrittel“ zu erkennen, das eben wegen dieser seiner Bedeutung auch auf den Feingehalt des Goldes angewendet wurde.

Im Koptischen ist keiner von beiden Ausdrücken erhalten. Man sagt dort dafür: ⲟⲩⲱⲛ ⲥⲛⲁⲩ im Sahidischen, ⲧⲟⲓ ⲥⲛⲟⲩϯ im Bohairischen, siehe oben S. 92. Der demotische Ausdruck *tꜣ dni·t* 2/3 „der 2/3 Teil“, Ros. dem. 10 (hierogl., griech. τὰ δύο μέρη, Urk. II 178), der den oben S. 90 besprochenen Stammbruchbezeichnungen entspricht, stellt vielleicht schon die letztere Ausdrucksform dar und ist dementsprechend *tꜣ dni·t 2·t* „die 2 Teile“ zu lesen. Das wäre dann ein weiterer Schritt in der Umwertung des alten Bruchzeichens.

[1]) Picanchi 5 (Urk. III 5): „jeder Fürst kannte seine Seite“, d. h. wo er zu stehen hatte bei der Belagerung. — Die Inschrift schreibt das Wort für „Mauer“ (alt *śꜣ·wt*) stets mit *w* und ohne das Ortsdeterminativ (ib. 28. 77. 89. 91. 92. 95). Dieses tritt nach den Ermittlungen, die Herr Dr. Grapow freundlichst in dem reichen Material des Berliner Wörterbuches angestellt hat, erst in dem sehr späten „Buch vom Atmen“ (Pap. Louvre 3191) und in den Tempelinschriften von Edfu gelegentlich bei *śꜣ·wt* „Mauer“ auf.

b) $^3/_4$ und die andern Komplementbrüche.

Der Form des Ausdrucks, die im vorstehenden für den Bruch $^2/_3$ festgestellt wurde, entsprechen in den meisten andern Sprachen des Altertums auch die Ausdrücke für die übrigen Komplementbrüche, wie die folgenden Beispiele erkennen lassen:

Gen. 47, 24:

hebr. אַרְבַּע הַיָּדוֹת (*ɔarbac hajjādōt*) „die 4 Hände" d. i. $^4/_5$, neben *ḫamīšīt* „ein Fünftel", vom Getreide gesagt.

griech. τὰ τέσσερα μέρη und τὸ πέμπτον μέρος.

kopt. boh. ϯⲇ-ⲛ-ⲧⲟⲓ „die vier Teile" und ⲡⲓⲣⲉ-ⲉ̅ „das Fünftel".

Nehem. 11, 1:

hebr. תֵּשַׁע הַיָּדוֹת *tēšac hajjādōt* „die 9 Hände" d. i. $^9/_{10}$, neben „eins von 10" d. i. $^1/_{10}$ (s. ob. S. 84), vom Volke gesagt.

griech. ἐννέα μέρη neben ἕνα ἀπὸ τῶν δέκα.

$^3/_4$ heißt im Gemeingriechischen dementsprechend τὰ τρία μέρη, im Lateinischen *tres partes*.

Altägyptische hieroglyphische Inschriften gebrauchen für diesen Bruch $^3/_4$ noch ein besonderes Zeichen, das dem für $^2/_3$ ganz analog gebildet ist und gewiß auch analog *r 3* „drei Münder" d. i. Teile, später eventuell *š: 3* „3 Teile", zu lesen ist:

im alten Reich (Dyn. 3): 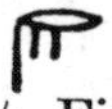 (von rechts zu lesen), Palermostein Vs. 6, 4 („2 Ellen 2 Palmen 2$^3/_4$ Finger").

im neuen Reich (Dyn. 18): 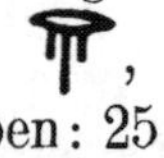, Karnak Montu-Tempel Amenophis' III. (dreimal in Gewichtsangaben: 25182 $^3/_4$ Pfund, 4620 $^3/_4$ Pfund, 104195 $^3/_4$ Pfund; daneben andere Gewichtsangaben, die mit  $^2/_3$ Pfund endigen).

Was die ungleiche Länge der Striche hier zu bedeuten hat, ist völlig unklar. Es verdient jedenfalls beachtet zu werden, daß diese Ungleichheit nicht gleichzeitig mit der bei $^2/_3$ beobachteten jüngeren Schreibung , sondern schon neben den älteren Schreibungen für $^2/_3$  und  auftritt. Nach dem neuen Reich läßt sich das Zeichen für $^3/_4$ nicht mehr belegen. Zeichen für andere Komplementbrüche sind m. W. nicht belegt[1]).

In den späteren hieroglyphischen Texten (vom neuen Reich an belegt) werden ebenso, wie stets im Hieratischen und Demotischen, alle Komplementbrüche in der gleichen Weise wie die andern gemischten Brüche in Stammbruchreihen zerlegt, wo man sie in Zahlen zu schreiben hätte.

So wird auch $^3/_4$, für das man in den Hieroglyphen noch das alte Zeichen (später etwas umgestaltet) besaß, im Hieratischen, zum mindesten

[1]) , Urk. IV 637, muß, wenn wirklich so dasteht, eine Verschreibung für  „$^1/_4$" sein. Jedenfalls kann es hier hinter  „$^2/_3$" nur einen kleineren Bruch als dieses und also keinesfalls $^4/_5$ bedeuten, wie man zunächst denken könnte. — Zu einer scheinbaren besonderen Schreibung für $^5/_6$ s. u.

schon vom mittleren Reich an, durch 2/3 1/12 [1]) oder, was in älterer Zeit das gewöhnlichere gewesen zu sein scheint, durch 1/2 1/4 [2]) ausgedrückt. 2/3 1/12 ist auch die übliche Ausdrucksform dafür in den demotischen Urkunden der Ptolemäerzeit [3]), während hieroglyphische Texte derselben Zeit auch 1/2 1/4 dafür schreiben [4]).

Auch die griechische Ziffer für 3/4 ist nichts anderes als die Verbindung der Brüche 1/2 1/4 [5]).

Und ebenso schreiben die Araber diesen Komplementbruch noch heute, wenn sie ihn nicht in Worten ausschreiben, s. ob. S. 67. 75/6 und Tafel III.

Ebenso werden von den Ägyptern in Zahlen geschrieben die Brüche:

4/5 als 2/3 1/10 1/30 [6])
5/6 „ 2/3 1/6 [7])
7/8 „ 1/2 1/4 1/8 [8])
8/9 „ 2/3 1/6 1/18 [9])
9/10 „ 2/3 1/5 1/30 [10])
11/12 „ 2/3 1/4 [11])
29/30 „ 2/3 1/5 1/10 [12]) usw.

Entsprechend bei den Griechen 7/8 gleichfalls als 1/2 1/4 1/8 [13]), 4/5 aber als 1/2 1/4 1/20, 9/10 als 1/2 1/3 1/15; und bei den Arabern 5/6 als 1/2 1/3, s. ob. S. 75 und Tafel III.

Von den alten Ägyptern unterscheiden sich die Griechen und Araber also darin, daß sie bei der Zerlegung als höchsten Bruch 1/2 statt 2/3 vorziehen [14]).

---

1) Griffith, Hieratic papyri of Kahun 8, 12.

2) Griffith a. a. O. 8, 37. 41 (hier die auf unserer Tafel III in Spalte 4 gegebene Schreibung). Stets im Mathem. Handb., z. B. Taf. 1 Nr. 7, Taf. 9 Nr. 7, Taf. 18 Nr. 58 usw. So wird auch 3/4 des *ḥḳꜣ·t* „Scheffels“ ausgedrückt, s. Eisenlohr, Mathem. Handb. Text S. 76.

3) z. B. im Pap. Innsbruck (publ. von Spiegelberg im Rec. de trav. 25), wo eine Mutter ihrer einen Tochter 1/4 ihres Vermögens, den beiden andern „je 1/4 1/8“, also 3/8, vermacht, was zusammen „den 2/3 1/12 Teil“ (*tꜣ dnỉ·t* 2/3 1/12) des Vermögens bilden soll; ähnlich Kairo 30612a, 6; ferner Kairo 31219, 12, wo 2/3 1/12 als Hälfte von 1 1/2 angegeben werden.

4) Ztschr. f. äg. Sprache 3, 68 (Taf., Z. 7).

5) Wilcken, Grundzüge der Papyruskunde XLVI.

6) Mathem. Handb. Nr. 5. Ztschr. f. äg. Sprache 3, 104 ff.; s. Hultsch, Elemente der äg. Teilungsrechnung S. 33.

7) Kahun papyri ed. Griffith pl. 8, 11. Mathem. Handb. Taf. 1 Nr. 11; Taf. 3 Nr. 35.

8) Mathem. Handb. Nr. 70. Ebenso dort auch beim Scheffel (*ḥḳꜣ·t*), s. Eisenlohr im Text S. 76.

9) Mathem. Handb. Nr. 42, wo 1 1/9 von 10 abgezogen 8 2/3 1/6 1/18 gibt; ferner ib. Nr. 67.

10) Mathem. Handb. Nr. 6.

11) Hieroglyphisch schon in der oben S. 98 Anm. 1 erörterten Stelle aus dem neuen Reiche; hieratisch im Mathem. Handb. Taf. 2, Nr. 23.

12) Ztschr. f. äg. Sprache 3, 101 ff.

13) Wilcken a. a. O.

14) Math. Papyrus von Achmim, s. Hultsch, Elemente der äg. Teilungsrechnung S. 38.

Das Demotische scheint zwar für den Bruch 5/6 noch eine besondere Sigle zu besitzen, die in der Perserzeit so [1], in der Ptolemäerzeit so oder [2] aussieht, und ein hieroglyphischer Text der letzteren Zeit verwendet dafür gleichfalls eine besondere Schreibung // × (von rechts zu lesen)[3]. Da derselbe Text aber im übrigen wie alle andern Texte dieser Zeit, die andern Komplementbrüche, wie z. B. auch 3/4, in Stammbrüche auflöst, so kann es kaum zweifelhaft sein, daß auch die scheinbare besondere Schreibung für 5/6 aus einer solchen Stammbruchreihe zu erklären ist. Die ältere demotische Form scheint in der Tat ebenso wie die genannte hieroglyphische Schreibung aus 2 selbständigen Elementen zu bestehen, von denen das erste deutlich die Form der Zahl 2/3 hat. Das zweite wird also eine stark kursive Form von 1/6 sein, zumal 2/3 1/6 ja in der Tat die übliche Ausdrucksform für den Wert 5/6 bei den Ägyptern in älterer Zeit gewesen ist[4]. Die spätere demotische Form zeigt beide Elemente ligiert, das mutmaßliche 1/6 dabei noch weiter verkürzt und die Stellung des alten 2/3 etwas verändert. Die hieroglyphische Schreibung ist natürlich nur als falsche Transskription eben dieser Ligatur zu werten[5].

Die Araber sprechen heute die Brüche 3/4 und 5/6, die sie in Zahlen 1/2 1/4 und 1/2 1/3 schreiben, beim Lesen so aus, wie sie sie mit Worten schreiben würden:

telātet ɔarbāc „drei Viertel“, *ḫamset ɔasdās* „fünf Sechstel“,

nicht mehr, wie es ihrem alten Brauch (s. ob. S. 66) und der Ziffernschreibung entspräche,

nuṣṣ we-rubc „ein halb und ein Viertel“,
nuṣṣ we-tult „ein halb und ein Drittel“.

Das ist ein genaues Analogon zu unserm Befund bei 2/3, das die Ägypter *r 2* schrieben und wahrscheinlich *śꜣ·wj*, später in Verbindung mit *tꜣ dnì·t* „der Bruchteil“ vielleicht *snūte* „zwei“, sprachen.

Nach diesem Beispiel der Araber wird man sich nun vielleicht auch bei den Ägyptern, Hebräern und Griechen die umständlichen Ziffern-

[1]) z. B. Berl. Demot. Pap. 3110, 5, wo die Gleichung 25 = 24 5/6 1/10 1/30 1/60 1/60 gelesen wird.

[2]) Brugsch, Numerorum apud veteres Aegyptios demoticorum doctrina Taf. II; belegt z. B. Kairo 30608, 2. 30616 b, 2.

[3]) Dümichen, Geogr. Inschr. II 83; vgl. Brugsch, Ztschr. f. äg. Sprache 3, 69, Taf.

[4]) Mathem. Handb. Taf. 3, Nr. 35 ( ) s. ob. S. 99. Bemerkenswert ist, daß auch bei der aus den Brüchen 2/3 1/12 bestehenden demotischen Schreibung für 3/4 häufig Ligatur des untern Endes des Zeichens für 2/3 mit der folgenden Zahl 10 zu beobachten ist, z. B. , Kairo 30612 a, 6. 31219, 12.

[5]) Vgl. die hierogl. Schreibung (d. i. 1/4, demot.), für *f* (demot.), die Junker, Ztschr. f. äg. Sprache 43, 161, für die gleiche Zeit belegt hat.

ausdrücke 2/3 1/12 oder 1/2 1/4 für 3/4, 2/3 1/6 oder 1/2 1/3 für 5/6, 1/2 1/4 1/8 für 7/8 usw. beim Lesen nicht selten durch die einfacheren, aussprechbaren Komplementbruchausdrücke nach der Art des geläufigen Ausdrucks für 2/3 ersetzt zu denken haben. Voraussichtlich werden also jene Völker z. B. die in Ziffern 2/3 1/12 oder 1/2 1/4 geschriebene Bruchzahl 3/4 in der Praxis oft, wenn nicht meist, so gelesen haben:

äg. *r 3* „die drei Münder“,
kopt. sah. ⲡϣⲟⲙⲛ̄ⲧ ⲛ̄-ⲟⲩⲱⲛ „die drei Einheiten“,
„ boh. ϯϣⲟⲙϯ ⲛ̀-ⲧⲟⲓ „die drei Teile“,
hebr. *šᵉlōš hajjādōt* „die drei Hände“,
griech. τὰ τρία μέρη.

Entsprechend werden die anderen Komplementbrüche im älteren Ägyptisch *r 4* „die 4 Teile“ d. i. 4/5, *r 5* „die 5 Teile“ d. i. 5/6, *r 6* „die 6 Teile“ d. i. 6/7 usw. gelesen und gesprochen zu denken sein. Das Wort *r* „Mund“, „Teil“ wird dabei wahrscheinlich in singularischer Form wie in den oben S. 48 besprochenen Maßangaben gestanden haben[1]).

Ganz analog konnten wir ja oben (S. 65) bei den Römern feststellen, daß sie später *septunx* lasen, was sie in Zahlen 1/2 1/12 schrieben und vermutlich in früherer Zeit auch dementsprechend gelesen haben werden, wie sie ja in älterer Zeit notorischermaßen *semis et triens* (1/2 1/3) statt des einfacheren Ausdrucks *decunx* (10/12) resp. des gleichbedeutenden *dextans* (5/6), einer echten Komplementbruchbezeichnung, gesprochen haben.

Die altrömischen Benennungen für die Vielfachen des Zwölftels (der *uncia*), auf die hier soeben wieder die Rede gekommen ist, enthalten in gewissen Formen, wie der eben genannten Form *dextans*, Komplementbruchbezeichnungen in einer Ausdrucksform, die von der oben aus den verschiedensten Sprachen — und in *bes* (2/3) auch aus der lateinischen Zwölftelrechnung selbst — belegten abweicht und die eigentümliche Natur dieser Art von Brüchen noch deutlicher hervortreten läßt. Der Komplementbruch wird in ihnen als Ganzes, dem der betreffende Stammbruch fehle,

[1]) Eine hübsche Parallele zu dieser, aus den alten Schreibungen für 2/3 und 3/4 erschlossenen Ausdrucksweise für die Komplementbrüche bietet der Ausdruck *inr 6* „die 6 Steine“ in der folgenden Gebrauchsanweisung zu einem Rezepte des Papyrus Ebers (54, 19 ff.): „nimm 7 Steine (*inr·w* 7), wärme sie im Feuer, nimm einen davon, lege etwas von diesem (vorher beschriebenen) Heilmittel auf ihn, bedecke ihn mit einem neuen Topf, dessen Boden durchbohrt ist, stecke eine Binsenröhre in diese Durchbohrung, lege deinen Mund an diese Röhre, damit du den Rauch davon verschluckst. Desgleichen mit den 6 Steinen (*inr 6*)“.

Hier hat der dem Komplementbruch „die 6 Teile“ (von „7 Teilen“), d. i. 6/7, entsprechende determinierte Teilausdruck „die 6 Steine“ (von 7 Steinen) dieselbe singularische Fassung (*inr 6*), wie in der zu  2/3,  3/4 zu postulierenden Komplementbruchbezeichnung *r 6*, im Gegensatz zu dem indeterminierten Ausdruck für die Gesamtzahl „7 Steine“, der pluralisch gefaßt ist (*inr·w 7*).

bezeichnet. *dodrans* = $^3/_4$ ist aus *dequadrans* „ohne Viertel“ [1]), *dextans* = $^5/_6$ aus *desextans* „ohne Sechstel“ entstanden und *deunx* = $^{11}/_{12}$ ist „ohne Zwölftel (*uncia*)“, s. ob. S. 65.

Bei Columella II S. 65 stehen sich die zusammengehörigen Ausdrücke *dodrans* und *quadrans* ebenso als sich ergänzende Teile gegenüber, wie in den oben S. 98 mitgeteilten Beispielen die Komplementbruchbezeichnungen und die zugehörigen Stammbruchbezeichnungen (z. B. τὰ τέσσερα μέρη = $^4/_5$ und τὸ πέμπτον μέρος = $^1/_5$).

Die eigenartige mit *de* „ohne“ gebildete Form des Ausdrucks, in der das Lateinische der geschlossenen Phalanx der andern Sprachen gegenübersteht, ist augenscheinlich echt lateinisch gedacht. Sie erinnert sogleich an das Subtraktionsverfahren, wie es in den Zahlen *duodeviginti*, *undeviginti* und in den Ziffern IV, IX, XC, CD auftritt. Das nach Art der andern Sprachen gebildete *tres partes* ($^3/_4$) mutet dem alten *dodrans* gegenüber ebenso jung und importiert an, wie das entsprechende *quarta pars* ($^1/_4$) gegenüber dem alten *quadrans*.

Ein Gegenstück zu diesen auf das Lateinische beschränkten Komplementbruchbezeichnungen „ohne Viertel“ (*dodrans*), „ohne Sechstel“ (*dextans*), „ohne Zwölftel“ (*deunx*) bilden die im Griechischen und Lateinischen vorhandenen mathematischen Kunstausdrücke für die Zahlenwerte, die das Ganze um den Wert eines Stammbruches übersteigen:

1 $^1/_2$ *superdimidius*, 1 $^1/_3$ ἐπίτριτος *supertertius*, 1 $^1/_4$ ἐπιτέταρτος *superquartus*, 1 $^1/_5$ ἐπίπεμπτος *superquintus* usw.

Diesen Ausdrücken stehen die ebenfalls reinmathematischen Ausdrücke ὑπότριτος „um $^1/_3$ kleiner“, *subquartus* „um $^1/_4$ kleiner“ gegenüber, die selbst wieder verkappte Komplementbruchbezeichnungen ($^2/_3$, $^3/_4$) darstellen.

Einen den lateinischen Komplementbruchbezeichnungen mit *de* entsprechenden Ausdruck für $^3/_4$ weist mir Oldenberg aus dem Indischen nach. In dem mehrfach erwähnten Śulvasūtrawerke (s. ob. S. 68) wird das Maß von $^3/_4$ Fingerbreite so ausgedrückt: „eine Fingerbreite, die um $^1/_4$ vermindert ist“ [2]). Im übrigen besitzen die Inder seit uralter Zeit für $^3/_4$ den Ausdruck *tripād*, d. i. 3 Füße [3]), der dem τὰ τρία μέρη und *tres partes* der Griechen und Römer aber nur bedingt entspricht, da im Indischen das Wort „Fuß“ nicht den „Teil“ allgemein, sondern, vom vierfüßigen Tiere hergenommen, nur speziell das Viertel bezeichnet [4]).

Wie die Römer mit ihrer Zwölftelrechnung wenigstens in einem beschränkten Kreise aus dem Banne des alten Rechnens mit Stammbrüchen

---

[1]) Vgl. *depilis* „haarlos“, *deplumis* „federlos“, *demens* „von Sinnen“.

[2]) XV 5. Ähnlich auch ebenda XIX 1.

[3]) Schon im Ṛgveda X 90, 3. 4.

[4]) Mitteilung von Oldenberg.

herauszutreten schienen, so auch die Babylonier mit ihrer Sechstel-(*šuššu*) rechnung (s. ob. S. 67). Mit dieser Sechstelrechnung hängt es nun offenbar zusammen, daß das Babylonische gerade für den einen Komplementbruch $^5/_6$ eine besondere Bezeichnung besitzt, *pā-rab* oder *paras-rab*, „der große Teil" [1]). Nach semitischer Redeweise bedeutet das „der größte Teil", d. i. eben der größte der Sechstelbrüche.

Mit diesem babylonischen Ausdruck etwa die oben (S. 100) besprochenen besonderen Schreibungen von $^5/_6$ in hieroglyphischen und demotischen Texten der Ptolemäerzeit in Verbindung zu bringen, ist ein naheliegender Gedanke, der indes keinerlei Wahrscheinlichkeit für sich hätte, auch wenn jene Schreibungen nicht so augenscheinlich aus einer Ligatur für $^2/_3$ $^1/_6$ zu erklären wären.

7. Das Verhältnis zwischen Komplement- und Stammbruchbezeichnung.

Wie verhalten sich nun die oben festgestellten Ausdrücke für die Komplementbrüche $^2/_3$, $^3/_4$, $^4/_5$ usw. zu den ihnen entsprechenden Stammbruchausdrücken $^1/_3$, $^1/_4$, $^1/_5$ usw.? Wir fanden für das Ägyptische und Koptische, daß beide Gruppen dasselbe Wort für „Teil" enthielten, wie das ja auch im Griechischen (μέρος) und Lateinischen (*pars*) der Fall war, nämlich altäg. *r* „Mund", später auch *dni·t* „Bruchteil" und ⲟⲩⲱⲛ „Einheit", und daß das Wort für „Teil" beidemal mit einem Kardinalzahlwort verbunden war, das einmal (bei den Komplementbrüchen) den Zähler, einmal (bei den Stammbrüchen) den Nenner bezeichnete:

$^2/_3$:	 *r 2*	neben	$^1/_3$:	 *r 3* ⲡⲣⲉ-ϣⲟⲙⲛ̄ⲧ
„	ⲧⲟⲓ ⲥⲛⲟⲩϯ	„	„	ⲡⲓⲧⲉ-ⲣⲉ-ϣⲟⲙⲛ̄ⲧ
„	ⲟⲩⲱⲛ ⲥⲛⲁⲩ	„	„	ⲡⲟⲩⲱⲛ ⲛ̄-ϣⲟⲙⲛ̄ⲧ oder ⲡⲟⲩⲛ̄-ⲛ̄-ϣⲟⲙⲛ̄ⲧ
$^3/_4$:	 *r 3*	„	$^1/_4$:	 *r 4* ⲡⲣⲉ-ϥⲧⲟⲟⲩ
„	ϯϣⲟⲙϯ ⲛ̄-ⲧⲟⲓ	„	„	ⲡⲓⲧⲉ-ⲣⲉ-ϥⲧⲟⲟⲩ
„	[ϣⲟⲙⲛ̄ⲧ ⲛ̄-ⲟⲩⲱⲛ]	„	„	ⲡⲟⲩⲱⲛ ⲛ̄-ϥⲧⲟⲟⲩ oder ⲡⲟⲩⲛ̄-ⲛ̄-ϥⲧⲟⲟⲩ.

Ein äußerlich erkennbarer Unterschied zwischen beiden Brucharten zeigte sich in den alten hieroglyphischen Schreibungen, deren Vokalismus wir nicht erkennen können, nur in der Art, wie die Zahl mit dem Zeichen des Mundes 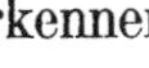 verbunden (so bei den Komplementbrüchen) oder nicht verbunden war (so bei den Stammbrüchen).

In den koptischen Formen zeigte sich dagegen ein doppelter Unterschied:

---

[1]) Zimmern, Sitz. Ber. Sächs. Ges. d. Wiss. 53, 51.

1. in der Vokalisation des Wortes für „Teil". In den Komplementbrüchen erscheint es überall unverkürzt (Status absolutus) als ⲧⲟⲓ und ⲟⲩⲱⲛ, in den Stammbrüchen dagegen stets verkürzt (Status constructus) als ⲣⲉ- resp. ⲧ-ⲣⲉ- : ⲧⲉ-ⲣⲉ-. Und auch bei den mit ⲟⲩⲱⲛ gebildeten Ausdrücken, die eine ganz abweichende Entstehung hatten, fand sich mitunter wenigstens die gleiche Verkürzung ⲟⲩⲛ̄-.

2. in der Verbindung des Wortes „Teil" und des Zahlwortes. In den Komplementbrüchen folgte sie den allgemein gültigen Regeln für die Verbindung der Kardinalzahlworte mit dem gezählten Worte, d. h. das Zahlwort geht voran und das gezählte Wort wird genitivisch angeknüpft (s. ob. S. 56), bei ⲥⲛⲁⲩ „zwei" aber folgt das Zahlwort dem gezählten Worte unmittelbar (s. ob. S. 57). In den Stammbrüchen dagegen folgte das Zahlwort ganz gegen diese Regeln dem gezählten Worte ⲣⲉ- „Mund", obwohl es sich dabei nicht um die Zahl 2, sondern um höhere Zahlen handelte[1]).

Es ist nun ohne weiteres klar, daß der hier an erster Stelle festgestellte Unterschied in der Vokalisation auch für die mit *r* „Mund" gebildeten Komplementbrüche, die uns im Koptischen nicht erhalten sind[2]), gegolten haben muß, da er die einzige Möglichkeit bot, beide Brucharten auch mit dem Ohre zu unterscheiden. Nur, wenn der Ausdruck *r 3* das eine Mal **rŏ ḫomt*, das andere Mal *rĕ-ḫomt* (ⲣⲉ-ϣⲟⲙⲛ̄ⲧ) lautete, konnte man 3/4 von 1/3 unterscheiden[3]), falls man im ersteren Falle das singularisch geschriebene *r 3* nicht etwa tatsächlich in pluralischer Fassung *ḫomtew rōew* (s. S. 45) gesprochen haben sollte, wogegen die S. 101 Anm. 1 angeführte Parallele spricht.

Weiter ist aber auch klar, daß mit diesem äußerlichen Unterschied auch ein innerlicher Hand in Hand gegangen sein muß. Die Bedeutung des Zahlwortes muß in beiden Fällen eine verschiedene gewesen sein, wenn auch die Form die gleiche war. Das Kardinalzahlwort, das beide Male vorliegt, wird in den Komplementbrüchen den Wert einer Kardinalzahl gehabt haben, in den Stammbrüchen dagegen den Wert einer Ordinalzahl, gerade wie in den andern Sprachen, die wir oben im Einklang mit dem Ägyptischen fanden, im Hebräischen, Griechischen und Lateinischen (s. ob. S. 88. 92. 98).

---

1) Von den mit ⲟⲩⲱⲛ „Einheit" gebildeten Ausdrücken ist hier natürlich abzusehen, da die damit gebildeten Stammbrüche ⲡⲟⲩⲱⲛ ⲛ̄-ϣⲟⲙⲛ̄ⲧ, ⲡⲟⲩⲛ̄-ⲛ̄-ϣⲟⲙⲛ̄ⲧ einen partitiven Ausdruck „die Einheit von drei" mit Nennung des Zählers enthalten.

2) Das Nebeneinander von ⲡⲣⲉ-ⲉ̄ „das Fünftel" und ϯⲇ̄ ⲛ-ⲧⲟⲓ „die 4 Teile" an der Stelle Gen. 47, 24 (S. 98) zeigt, daß es nicht bloß Zufall ist, daß keine mit ⲣⲟ gebildeten Komplementausdrücke im Koptischen belegt sind, sondern daß diese wirklich allgemein durch solche mit ⲧⲟⲓ (resp. ⲟⲩⲱⲛ) ersetzt waren.

3) Hierin würde dann ein beachtenswertes Zeugnis für das Alter des Status constructus im Ägyptischen liegen.

Wie sich dort

	als Komplementbruch		als Stammbruch
$^2/_3$	*pī-šᵉnajim* „zwei Teile“ *štē-hajjādōt* „die zwei Teile“ τὰ δύο μέρη	$^1/_3$	*haššᵉlīšīt* „das Dritte“ τὸ τρίτον (scil. μέρος)
$^3/_4$	τὰ τρία μέρη *tres partes*	$^1/_4$	τὸ τέταρτον μέρος *quarta pars*
$^4/_5$	*ɔarbac hajjādōt* „die vier Teile“ τὰ τέσσερα μέρη	$^1/_5$	*ḫᵃmīšīt* „ein Fünftes“ τὸ πέμπτον μέρος

gegenüberstanden, so werden sich auch im Ägyptischen und Koptischen

$^2/_3$	 *r 2* ⲧⲟⲓ ⲥⲛⲟⲩϯ	„zwei Teile“	$^1/_3$	 ⲡⲣⲉ-ϣⲟⲙⲛ̄ⲧ ⲡⲓⲧⲉ-ⲣⲉ-ϣⲟⲙⲧ	„der dritte Teil“
$^3/_4$	 *r 3* ϯϣⲟⲙϯ ⲛ̄-ⲧⲟⲓ	„die drei Teile“	$^1/_4$	 ⲡⲣⲉ-ϥⲧⲟⲟⲩ ⲡⲓⲧⲉ-ⲣⲉ-ϥⲧⲱⲟⲩ	„der vierte Teil“
$^4/_5$	**r 4* ϯⲁ̄ ⲛ̄-ⲧⲟⲓ	„die vier Teile“	$^1/_5$	 ⲡⲣⲉ-ϯⲟⲩ ⲡⲓⲧⲉ-ⲣⲉ-ϯⲟⲩ	„der fünfte Teil“

gegenübergestanden haben.

Dem entspricht nun auch durchaus der Unterschied in der Konstruktion des Zahlwortes, den wir oben an zweiter Stelle konstatieren konnten. Die Verbindung des Zahlwortes mit ⲧⲟⲓ und ⲟⲩⲱⲛ in den Komplementbrüchen ist in der Tat die für die Kardinalzahlen im Koptischen übliche. Ebenso entspricht die Verbindung *r 2* „zwei Münder“ durchaus den im Altägyptischen dafür geltenden Regeln (s. ob. S. 46. 48).

Dagegen ist die Verbindung des gezählten Wortes mit nachfolgender beliebiger Zahl, wie sie uns in den Stammbrüchen mit ⲣⲉ- entgegentritt, im Koptischen für Kardinalzahlen nicht mehr üblich (mit einziger Ausnahme der Zahl 2), wohl aber da, wo ein Kardinalzahlwort die Bedeutung einer Ordinalzahl hat, wie das ja in allen Sprachen vorkommt. Wie wir „Klasse 3“, „Abschnitt 7“, „Paragraph 11“, „Platz 14“ sagen, oder der Franzose „Louis quatorze“, der Hebräer *jōm šᵉmōnā* „Tag 8“ sagt, so sagt auch der Ägypter, und zwar in den meisten der Fälle ausnahmslos[1]):

sp 2 „Mal 2“, *sp 3* „Mal 3“ usw. statt „das 2., 3. usw. Mal“ neben *sp tpj* „das erste Mal“, so namentlich in der ältesten Sprache (z. B. Palermostein).

[1]) Zum Folgenden siehe meine Untersuchungen zur Geschichte und Altertumskunde Ägyptens III S. 95/6, sowie Spiegelberg, Ztschr. f. äg. Sprache 50, 126. 51, 138.

ḥꜣ·t-sp 4·t „Jahr 4“ statt „das 4. Jahr“ (eines Königs), kopt. ⲧⲥⲡ̄-ϥⲧⲟ sah.
ḥꜣ·t-sp wc·t „Jahr 1“, kopt. ⲁⲥⲫ-ⲟⲩⲓ boh.
śśw 5 „Tag 5“ statt „der 5. Tag“ (eines Monats), kopt. ⲥⲟⲩ-ϯⲟⲩ.
ḏbc·t (?) *7·t* „Stunde 7“ statt „die 7. Stunde“ (des Tages oder der Nacht), kopt. ϫⲡ̄-ⲥⲁϣϥⲉ sah. : ⲁϫⲡ-ϣⲁϣϥⲓ boh.

In allen diesen Beispielen steht das gezählte Wort, das dem Zahlwort vorangeht, da, wo koptische Formen vorliegen, in verkürzter Vokalisation (Status constructus), wie im Hebräischen (*šᵉnat-ceśrīm* „Jahr 20“). Eben gerade das war ja nun auch das hervorstechendste Merkmal, das unsere Stammbrüche mit ⲣⲉ- von den entsprechenden Komplementbrüchen mit *r* (ⲣⲟ), ⲧⲟⲓ und ⲟⲩⲱⲛ unterschied.

Dieser Befund läßt also keinen Zweifel daran, daß wir das Verhältnis zwischen beiden Arten von Bruchbezeichnungen im Ägyptischen oben richtig, in Übereinstimmung mit den andern zum Vergleich herangezogenen Sprachen, dahin bestimmt hatten, daß:

1. der Komplementbruch ($^3/_4$) das Wort „Teil“ mit einer Kardinalzahl, die den Zähler bezeichnet, enthält: *r 3* (**rŏ ḥomt*) „die drei Teile“ τὰ τρία μέρη.

2. der Stammbruch ($^1/_4$) das Wort „Teil“ mit einer Ordinalzahl (in Form eines Kardinalzahlwortes), die den Nenner bezeichnet, enthält: *r 4* „Teil 4“, (*rĕ-fdŏw*), der Teil mit der Nummer 4, d. i. „der vierte Teil“ τὸ τέταρτον μέρος[1]).

Das Verhältnis zwischen Komplement- und Stammbruchbezeichnung, das wir hiermit für das Ägyptische in gleicher Weise wie für die andern im Banne der Stammbruchrechnung stehenden Sprachen des Altertums, das Hebräische, Griechische und Lateinische (von der alten Zwölftelrechnung abgesehen), feststellen konnten, ist nun aber gewiß sehr bemerkenswert. Es springt in die Augen, wie eng beide Bruchbezeichnungen miteinander zusammenhängen, oder vielmehr, daß sie ganz voneinander abhängen, eine auf die andere Bezug nehmen. Tatsächlich ist die eine nicht ohne die andere zu verstehen. Abgesehen von $^2/_3$, das wie ein Stammbruch verwendet wird, werden denn auch die Komplementbruchbezeichnungen wohl fast nur in Verbindung mit und im Gegensatz zu dem ihnen entsprechenden Stammbruch gebraucht worden sein[2]), wie das in den oben (S. 92. 98) angeführten Beispielen aus dem Alten Testament der Fall war[3]).

---

[1]) Diese allein mögliche Deutung für die ägyptischen Stammbruchbezeichnungen hat, soviel ich sehen kann, bisher nur Hultsch (Elemente der äg. Teilungsrechnung S. 59) richtig erkannt.

[2]) Andernfalls wird man wohl meist die Stammbruchreihen $^1/_2$ $^1/_4$, $^1/_2$ $^1/_3$ usw., die die Ziffernausdrücke für $^3/_4$, $^5/_6$ usw. bildeten, gebraucht haben; insbesondere gewiß stets beim Rechnen, da sich die Komplementbrüche schlecht in die Stammbruchrechnung eingefügt hätten.

[3]) In diesem Falle gebrauchen auch wir wohl gelegentlich noch heute derartig gebildete Komplementbruchausdrücke. Man sagt wohl mal, ein Sohn erhalte bei der Erbteilung zwei

Wenn $^3/_4$ schlechtweg durch „die 3 Teile“ bezeichnet wird, so setzt das, als selbstverständlich oder durch den Zusammenhang gegeben, einen „vierten Teil“ voraus, der sie zu dem Ganzen vervollständigt, der dem Ganzen fehlt, wie es in *dodrans* „ohne Viertel“ so deutlich ausgedrückt war. Und umgekehrt: wenn $^1/_4$ als „der vierte Teil“ bezeichnet wird, so wird es dadurch als Schlußglied einer Reihe von 4 gleichen Teilen hingestellt, dem also „drei Teile“, eben die $^3/_4$, vorausgehen.

Zu dieser Auffassung der Teile als einer Reihe von Gliedern paßt es vortrefflich, wenn der Ägypter für „in 8 Teile teilen“ sagt „zu einer Achtheit machen“ oder „in eine Achtheit teilen“ (s. ob. S. 44). Aus dem einen Ganzen wird jetzt eine Reihe von Teilen, in der „7 Teile“ ($^7/_8$) dem „8ten“ ($^1/_8$) gegenüberstehen.

Durch unsern obigen Befund wird es nun klar, weshalb so viele Sprachen, das Hebräische wie die indogermanischen Sprachen, die Brüche gerade mit Ordinalzahlen und, wenn der Bruch kein gemischter Bruch ist, ohne Angabe des Zählers bezeichnen, weshalb auch wir ebenso „der dritte Teil“, „das Dritteil“, wie der Grieche τὸ τρίτον, der Lateiner *tertia pars*, der Hebräer „das Dritte“, der Ägypter „Teil 4“ d. i. „Teil Nr. 4“, sagen. Alle Sprachen, die das tun, setzen eben das ursprüngliche Rechnen mit Stammbrüchen voraus, wie es die Ägypter und die andern Völker des Altertums tatsächlich angewendet haben. Auch unsere germanischen Vorfahren müssen also — der Schluß ist unabweislich — einst auf derselben primitiven Stufe der Rechenkunst gestanden haben. Sonst wären unsere Bruchbezeichnungen „das Drittel“, „der dritte Teil“ unverständlich.

Ich glaube, man kann aber noch einen weiteren Schluß aus unserm Befunde ziehen. Die Bezeichnung der $^2/_3$, $^3/_4$ usw. (Komplementbrüche) nur mit dem Zähler (τὰ δύο μέρη) ist geradezu als Beweis dafür anzusehen, daß die Völker, die sie anwendeten, wirklich noch nicht zu der Stufe des Rechnens mit andern gemischten Brüchen aufgestiegen waren. Bei uns, die wir diesen Schritt getan haben, ist eine derartige Bezeichnung völlig undenkbar. Nur ein Volk, das noch nichts von $^2/_5$, $^2/_7$, $^2/_9$ usw. ahnte, konnte einen für unser Ohr so unbestimmt klingenden Ausdruck wie „2 Teile“ allgemein als bestimmte und unmißverständliche Bezeichnung für $^2/_3$ gebrauchen.

Andererseits sind die Benennungen, die wir den gemischten Brüchen geben, *zwei Drittel*, *fünf Siebentel*, *les trois quarts* [1]), Zeugnisse dafür, daß uns

Teile (aber nicht: „die zwei Teile“!), der andere den dritten Teil. In der Regel würden wir aber auch dann eher dem „zwei Teile“ „einen Teil“ statt „den dritten Teil“ gegenüberstellen.

[1]) Man beachte den Artikel, der noch ganz an das alte τὰ τρία μέρη erinnert und auf das fehlende „vierte“ Viertel, eben *le quart*, hinweist. — Hierauf machte mich mein Kollege Stimming freundlichst aufmerksam.

mit dem Aufgeben der alten umständlichen Methode des Operierens mit Stammbruchreihen auch das Verständnis für die ursprüngliche Bedeutung der Bruchbezeichnungen *das Drittel* (= der dritte Teil zu 2 Teilen), *das Siebentel* (= der siebente Teil zu 6 Teilen), *le quart* (= der vierte Teil zu 3 Teilen) abhanden gekommen ist, wiewohl wir die vollen Formen „der dritte Teil", „der siebente Teil" noch ganz richtig ausschließlich für die Stammbrüche $^1/_3$, $^1/_7$ verwenden. Wenn wir „zwei Drittel" sagen, so ist das, unter etymologischem Gesichtswinkel gesehen, einfach sinnlos. „Der dritte Teil" bezeichnete, wie wir oben erkannt haben, ja eben denjenigen Teil, der nicht zu den „zwei (andern) Teilen", den $^2/_3$, gehörte, sondern im Gegensatz dazu stand und die $^2/_3$ als „dritter Teil" zum Ganzen vervollständigte.

IV. Ordinalzahlen.

Mit dem Ergebnis, zu dem wir eben gelangt sind, haben wir nun augenscheinlich nicht nur die Erklärung für die eigentümliche Tatsache, daß die Bruchzahlen in den meisten Sprachen durch Ordinalzahlworte bezeichnet werden, gewonnen, sondern zugleich auch den Schlüssel zum Verständnis des Wesens und der Bedeutung der Ordinalzahlen selbst in die Hand bekommen. Auch die Benennung des Vierten selbst erklärt sich daraus, daß er der eine Reihe von Vieren abschließende ist, derjenige, der diese Reihe vollmacht.

Daß dies das Wesen der Ordinalzahlworte sei und nicht, wie wir es uns heute zu denken pflegen, das der Ordnungsziffer, war den Indern noch wohlbewußt, als sie sie, wie mir J. Wackernagel zeigte, als *pūraṇa* „füllend“ bezeichneten [1]).

1. Der Ordinalzahlausdruck mit *mḥ* „füllend“.

Im Ägyptischen tritt diese Bedeutung der Ordinalzahl sehr deutlich hervor, in der vom Altägyptischen bis in das Koptische gebräuchlichen, bislang zufällig vor dem neuen Reich nicht belegten [2]) Ausdrucksform für die Ordinalia, die mittels einer Partizipialform des Verbums *mḥ* „füllen“ (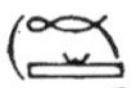 oder ) gebildet wird. Diese Partizipialform, die sich ursprünglich im Geschlecht nach dem zu zählenden Worte richtet, ist im Koptischen zu einem unveränderlichen Präfix geworden, das naturgemäß in verkürzter Vokalisation (Status constructus) dasteht (ⲙⲉϩ- : ⲙⲁϩ-).

Diesem Ordinalpräfix folgt, wenn das gezählte Wort an anderer Stelle genannt wird, nur die Zahl in Gestalt eines Kardinalzahlwortes; andernfalls aber die Verbindung des gezählten Wortes mit der Kardinalzahl (z. B. *rnp·t 10* „10 Jahre“):

wdj·t mḥ·t 13 „der Feldzug, der 13 vollmachende“ oder „der 13 vollmacht“, d. i. „der 13. Feldzug“, Urk. IV 716 (Dyn. 18).

ḥ·t mḥ·t 200 „das Haus, das 200 vollmachende“ d. i. „das 200ste Haus“, Leiden J. 350 (Ztschr. f. äg. Sprache 42, 33).

1) Vgl. Pāṇini 51, 48, nach dem sie in der Bedeutung „füllen“ stehen (Wackernagel).

2) Über ein altes Beispiel, das ich inzwischen gefunden zu haben glaube, s. S. 112.

ḥ·t mḥ(·t) 2·t „das Haus (Kapitel), das 2 vollmachende“ d. i. das 2. Kapitel, Apophisbuch 3, 21.

sꜣ mḥ 2 „der Sohn, der 2 vollmachende“ d. i. „der 2. Sohn“, ebenso mit *mḥ 3*, *mḥ 4*, *mḥ 5* für den 3., 4., 5., neben *sꜣ wr* „der große (d. i. größte, älteste) Sohn“ für den Erstgeborenen. Chassinat, Rec. de trav. 14, 10 Anm. 3 (Spätzeit).

ḥwn n mḥ·t rnp·t 10 „ein Knabe des 10 Jahre vollmachenden (Jahres)“ d. i. ein Knabe im 10. Lebensjahre (*puer decimum annum agens*), Kubanstele 17 (Dyn. 19).

mḥ hrw 16 „der 16 Tage vollmachende (Tag)“ d. i. „der 16. Tag“, Pap. Rhind I d 9 (ed. Möller).

pꜣj-w sp mḥ 5 „ihr Mal, das 5 vollmachende“ d. i. „ihr (eorum) 5. Mal“, Ryl. dem. Pap. 9, 3, 7.

pꜣ hrw n mḥ 2 „der 2 vollmachende Tag“, 2 Khaemw. 5, 15; vgl. ib. 31.

ⲡⲙⲉϩ-ϣⲟⲙⲛ̄ⲧ „der drei vollmachende“ d. i. „der dritte“.

ⲧⲙⲉϩ-ⲥⲁϣϥⲉ „die sieben (fem.) vollmachende“ d. i. „die siebente“.

ⲡⲓⲉϩⲟⲟⲩ ⲙ̀-ⲙⲁϩ-ⲅ̄ „der 3 vollmachende Tag“ neben ⲡⲓⲙⲁϩ-ⲅ̄ ⲛ̀-ⲉϩⲟⲟⲩ „der 3 Tage vollmachende“ für „der 3. Tag“.

ⲡⲙⲉϩ-ⲥⲟⲡ ⲥⲛⲁⲩ „das zwei Male vollmachende“ d. i. „das zweite Mal“.

ⲧⲙⲉϩ-ϥⲧⲟ ⲛ̄-ⲣⲟⲙⲡⲉ „das vier Jahre vollmachende“ für „das vierte Jahr“.

Dieser Gebrauch des Verbums *mḥ* „füllen“ mit Bezug auf das Vollmachen, Komplettieren einer Zahl, findet sich auch sonst in der Sprache, wo nicht eigentlich ein Ordinalzahlwort vorliegt, aber doch der Sinn schließlich auf dasselbe hinausläuft.

So kehren z. B. in einem Reisetagebuch der Dynastie 19 ständig Eintragungen wie die folgende wieder[1]):

ḥꜣ·t-sp 7 ibd 2 pr·t ssw 2 mḥ[2]) *ibd 2 hrw 16 n wḏ m Nwt mḥ*[2]) *5 m is·t tn* „Jahr 7, Monat 2 der Winterjahreszeit, Tag 2, der Tag, welcher vollmacht[2]) 2 Monate 16 Tage der Abreise aus der Stadt (Theben), der Tag, welcher vollmacht[2]) 5 (Tage) an diesem Orte“, d. h. am 5. Tage des Aufenthaltes hier, am 76. Tage der Reise.

---

[1]) Pap. Turin 68 nach Mitteilung von Alan H. Gardiner.

[2]) Der hier mit „der Tag, welcher vollmacht“ übersetzte Ausdruck besteht aus dem Zeichen für *mḥ* „füllen“ und dem darunter gesetzten Zeichen der Sonne, dem Ideogramm für „Tag“, „Zeit“ 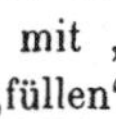. Dieses vertritt hier das Determinativ des Wortes *mḥ* (sonst die Buchrolle) wegen dessen spezieller Anwendung auf die Zeit. Ebenso wird sein Synonym *km* „vollenden“ nicht selten mit der Sonne, statt seines gewöhnlichen Determinativs (Buchrolle), geschrieben, wenn es von der Zeit gebraucht wird, z. B. in der Stelle: *iw km-f rnp·t 88 ḥr mꜣꜣ ʾImn r rʿ ḥtp-f* „er hat 88 Jahre vollendet, den Amun (d. i. die Sonne) sehend bis zu seinem Untergang“. Rosellini, Mon. civ. pl. 127, 1. Bei uns ist also zu lesen *mḥ* „der vollmachende (Tag)“. — Ebenso ist vielleicht Rhind I h, 10 „der 16. Tag“ *mḥ 16* zu lesen statt *mḥ hrw 16*, wie Möller nach dem Demotischen (I d 9) lesen wollte. Vgl. unser „der 16.“.

So wird ferner in dem Untersuchungsprotokoll über die Beraubungen thebanischer Königsgräber (Dyn. 20), nachdem über die Pyramide eines Königs Sḳenjen-reᶜ *Tᶜ* berichtet worden ist, der Bericht über die Pyramide eines zweiten gleichnamigen Königs mit den folgenden Worten eingeleitet: „Die Pyramide des Königs Sḳenjen-reᶜ *Tᶜ* des Großen“ *r mḥ nsw·t Tᶜ 2* „um vollzumachen 2 Könige *Tᶜ*“, Pap. Abbott 3, 10.

Diese Angabe soll verhindern, daß jemand eine irrige Wiederholung der zuvor genannten Pyramide vermute. Ebenso wird in den demotischen Rechtsurkunden der Ptolemäerzeit, wo von zwei Urkunden die Rede ist, der Nennung der zweiten gern ein entsprechender Zusatz zugefügt:

r mḥ sẖ 2 „um 2 Schriften vollzumachen“, Pap. Brüssel 3, 6. Revillout, Chrestomathie démotique 338. 357. u. o.

Ähnlich heißt es in einem demotischen Testament am Schluß einer Aufzählung von 4 Dörfern, die zur Erbschaft gehören: *r mḥ dmi 4* „um 4 Dörfer vollzumachen“, Pap. Innsbruck Z. 8 a. E. (Rec. de trav. 25). Wir würden hier sagen: „was zusammen 4 Dörfer ergibt“.

Während man aber hier den Ausdruck zur Not noch frei durch „das 4. Dorf“ oder „das letzte der 4 Dörfer“ übersetzen könnte, ist in andern Fällen jede ordinale Bedeutung ausgeschlossen. So, wenn es in einem demotischen Kaufvertrage von der verkauften Parzelle von 2 ½ „Bodenellen“ (= 250 Quadratellen) heißt, sie sei der nördliche Teil eines Grundstücks von 10 Bodenellen, von dem der Verkäufer die übrigen 7 ½ Bodenellen an jemand anders verkauft habe, *r mḥ pꜣ mḥ itn 10* „um vollzumachen die 10 Bodenellen“, Revillout a. a. O. 346. Ebenso, wenn der Verkäufer einer Arure Ackerlandes angibt, daß sie südlich von den 2 andern Aruren Ackerlandes begrenzt sei, die er dem Käufer früher verkauft habe, und hinzufügt: *r mḥ stꜣ·(t) 3 ꜣḥ* „um 3 Aruren Ackerlandes vollzumachen“, Revue égyptol. 3, pl. 1 (zu p. 2, note 5). Hier können wir beide Male nur sagen: „was zusammen die obigen 10 Bodenellen ergibt“, „was zusammen 3 Aruren Ackerlandes ergibt“.

Ein andermal heißt es in einem demotischen Text aus der Zeit des Darius: *wᶜb s 20 pꜣ ntj iw-tn mḥ-f r sꜣ 1* „20 Priester ist das, was ihr vollmacht auf 1 Phyle“, d. h. ihr seid alles in allem 20 Priester in einer jeden Phyle, Ryl. 9, 13, 8; und ebenda wird von einem Grundstücke gesagt, es mache 1000 Aruren voll, d. h. es enthalte im ganzen volle 1000 Aruren, a. a. O. 17, 13[1]).

Dagegen werden wir, wenn es im Setne-Roman von dem Helden heißt, er habe gekämpft mit der Schlange, *r mḥ sp 2* „um 2 Male vollzu-

---

[1]) In ähnlichem Zusammenhange findet sich in einem älteren Texte statt *mḥ* „füllen“ auch das oben S. 110 Anm. 2 erwähnte Wort *km* „vollenden“ gebraucht: *km-n-n ḥfꜣ·w 75* „wir vollendeten 75 Schlangen“, d. i. wir waren im ganzen unser 75 Schlangen, Schiffbrüch. 127.

machen", 1 Khaemw. 3, 32, den so gebildeten Ausdruck nur mit „zum zweitenmale" (nicht etwa „2 Male") wiedergeben können, da vorher ein erster und nachher ein dritter solcher Kampf erzählt werden. Beim letzteren ist von der entsprechenden Angabe *r mḥ sp 3* „um 3 Male vollzumachen" nur die Zahl 3 erhalten.

Ähnlich heißt es in dem oben erwähnten Aktenstück über die Beraubung der Königsgräber an einer andern Stelle, nachdem von gewissen Äußerungen des Stadtfürsten von Theben die Rede gewesen ist: „abermals sagte dieser Fürst der Stadt (Theben)", *r mḥ md·t 2·t* „um 2 Reden vollzumachen" (folgt der Wortlaut seiner neuen Äußerungen), Abbott 6, 9. Hier würde „eine zweite Rede" die einzig passende Übersetzung sein.

Der mit *mḥ* „füllend" gebildete Ordinalzahlausdruck konnte oben erst für das neue Reich nachgewiesen werden, doch konnte die Vermutung ausgesprochen werden, daß er voraussichtlich weit älter sein werde und nur zufällig infolge des Fehlens alter Beispiele von Ordinalien höherer Zahlen nicht belegt sei. Dies scheint sich nun zu bestätigen. Inzwischen, seit jene Zeilen niedergeschrieben wurden, glaube ich ein in mehrfacher Hinsicht interessantes Beispiel für jene Ausdrucksweise des Ordinalzahlwortes aus älterer Zeit gefunden zu haben, in einer der Beischriften, die das Bild Leps., Denkm. II 63, aus einem Grabe der 5. Dynastie begleiten. Dort liest man über einem der zur Rechenschaftslegung herbeigeführten Dorfschulzen, dem seine Leute mit Gaben in den Händen folgen, die Worte: *in·t*  *in ḥḳꜣ ḥ·t N. N.* „Herbeibringen des *mḥ·t ḫꜣ* durch den Dorfschulzen N. N."

Der hier in der Umschrift hieroglyphisch wiedergegebene, in der Übersetzung nur umschriebene Ausdruck besteht aus einer weiblichen Form des Wortstammes *mḥ* „füllen", in seiner dem alten Reich eigentümlichen Schreibung, und dem Worte *ḫꜣ* „1000". Er kann nur „das Tausend vollmachende" d. i. „das Tausendste" bedeuten, und dies kann nach dem Zusammenhange nur in dem Sinne von einer Tausendstelabgabe stehen.

Wir haben es hier also anscheinend mit der im Ägyptischen bisher sonst nicht belegten Anwendung eines reinen Ordinalzahlausdrucks ohne ein Wort für „Teil", statt eines Stammbruches, zu tun, wie wir sie bei andern Völkern so häufig finden, und gerade auch in dem besonderen Falle, der bei uns vorzuliegen scheint, mit Vorliebe angewendet sehen, vgl. die τετάρτη und die εἰκοστή der griechischen Urkunden aus Ägypten, die *decuma* der Römer und ihre Nachkommin, *la dîme* der Franzosen, sowie den *Zehnten* unserer Sprache.

Der Ausdruck *mḥ·t 1000* „das Tausend vollmachende" = „das Tausendste" für eine Abgabe von 1 auf 1000 ist mit den oben besprochenen

Bruchzahlausdrücken *wc (m) 10* „eins von 10" zu vergleichen, die gleichfalls zunächst nur in entsprechender Anwendung für eine Zehntelabgabe auftraten. Man hat ihn sich wohl aus einem Gebrauch des Ordinale zu erklären, wie er vorliegt, wenn wir sagen: „jeder dritte Mann war krank", oder „der Feldherr ließ jeden Zehnten von den Meuterern mit dem Tode bestrafen", eben das, was die Römer *decimatio* nannten.

In allen diesen Fällen tritt die eigentliche Bedeutung des Ordinalzahlwortes, die in dem ägyptischen Ausdruck mit *mḥ* „füllend" so nackt zutage liegt, in gleicher Weise hervor, wie in den unten in Abschnitt 6 besprochenen ägyptischen und arabischen Ausdrücken „der dritte von drei" für „einer von drei". Der Zehnte, das Tausendste bedeutet auch hier einen von Zehn, der mit 9 andern 10 macht, ein Stück von Tausend, das mit 999 andern diese Zahl vervollständigt.

2. Der erste.

Sinngemäß sollte die Umschreibung der Ordinalzahlen durch *mḥ* „füllend" nur bei Zahlen, die größer sind als 1, angewendet werden, wie denn auch die Inder unter *pūraṇa*, den „füllenden", nur die Ordinalia von 2 an aufwärts verstehen. Der „erste" schließt ja nicht eine Reihe ab oder „füllt" eine Zahl, die vorher unvollständig war, wie das die andern Ordinalia tun, deren jedes eine bestimmt begrenzte Reihe oder Anzahl von Einheiten (eine Kardinalzahl) abschließt (z. B. der 7 te die 7), sondern er ist Anfang und Ende, der erste und der letzte seiner Anzahl (1) zugleich.

Daher pflegt der „erste" in den meisten Sprachen, in allen Teilen der Erde, nicht wie die andern Ordinalia nach der ihm entsprechenden Kardinalzahl eins benannt zu sein, sondern eine besondere Benennung zu tragen. Und diese enthält wiederum in den verschiedenen Sprachen den gleichen Gedanken. Es kommt darin nämlich überall die Rolle zum Ausdruck, die der „erste" in der aus der Gesamtheit aller Ordinalia gebildeten Reihe spielt. Diese Reihe, die im Unterschied zu der von jedem einzelnen Ordinale abgeschlossenen begrenzten Reihe (Kardinalzahl) eine unendliche ist, wird durch den ersten eröffnet. Er ist daher der vorderste oder ehest kommende (πρῶτος, *primus*, *first*, *erste*, arab. *ɔauwalu*, aeth. *ḳadāmī*).

Demgemäß wird der erste auch im Ägyptischen durch folgende Ausdrücke bezeichnet:

1. altäg.  oder  *tp·j* eig. „der am Kopf (*tp*) befindliche", ein mittels der „Nisbe"endung *-j* von *tp* „Kopf", „Anfang" abgeleitetes Adjektivum, also dem hebr. ראשון *rišōn* zu vergleichen, das mittels der Endung *ān* von ראש *rōš* „Kopf" (arab. *raɔsun*) abgeleitet ist. Zur Bedeutung vgl. auch *capitanus*.

2. neuäg. *tp·tj*, in gleicher Weise von einem Femininum *tp·t* abgeleitet, der jüngeren Nebenform des alten mask. *tp* „Kopf“, die dem kopt. ⲁⲡⲉ, mit Artikel ⲧⲁⲡⲉ, zugrunde liegt. Dieses Wort hat seinen ersten Konsonanten *t* im Koptischen eingebüßt, weil er für den Artikel gehalten worden war, wie das auch seinem Gegenteil, dem Worte *pḥ-wj* „Hinterteil“, „Ende“, geschrieben mit dem Hinterteil eines Löwen (kopt. ⲁϩⲟⲩ, mit Artikel ⲡⲁϩⲟⲩ), gleicherweise geschehen ist.

3. neuäg. *ḥꜣw·tj*, kopt. ϩⲟⲩⲓⲧ, eig. „der am Anfang, zuvorderst befindliche, der vorangehende“ (daher das Determinativ der schreitenden Beine), in gleicher Weise abgeleitet von dem Femininum *ḥꜣ·wt* „Anfang“, einer Nebenform des alten Wortes *ḥꜣ·t* „Vorderteil“, „Anfang“ (kopt. ϩⲏ), das mit dem Bilde des Vorderteils eines Löwen geschrieben wird.

4. spāthierogl. *ḫnt·j*, ein altes Adjektiv für „der Vorderste“ [1]), neben *2·nw*, *3·nw* „der 2 te“, „3 te“ in den hieroglyphischen Inschriften der Ptolemäerzeit, z. B. im Dekret von Kanopus (Tanis 26. 28. 37 = Kom el hisn 18. 20. 26) in demselben Zusammenhange, wo die Rosettana *mḥ 1* hat (s. u.).

5. kopt. ϣⲟⲣⲡ̄, eig. „der leitende, vorangehende“, von altäg. *ḫrp* „leiten“, „regieren“, kopt. ϣⲱⲣⲡ̄ „zuerst tun“, „eher tun“.

Einen nach Art der andern Ordinalia mit ⲙⲉϩ- : ⲙⲁϩ- „füllend“, „vollmachend“ und dem Zahlwort „eins“ gebildeten Ausdruck für „der erste“ (etwa *ⲙⲉϩ-ⲟⲩⲁ, fem. *ⲙⲉϩ-ⲟⲩⲉⲓ) gibt es im Koptischen, ganz wie zu erwarten, nicht. Auch im älteren Ägyptischen ist mir ein derartiger Ausdruck nirgends begegnet [2]). Man vergleiche dazu das oben S. 110 zitierte Beispiel Rec. de trav. 14, 10.

---

[1]) Vielleicht nur eine graphische Variante für das vorige Wort (Nr. 3), schreibt doch derselbe Text (das Dekret von Kanopus) auch ebenso für das Wort „Anfang“ (ἀρχή) Tanis **13** = Kom el hisn 9, wo man *ḥꜣ·t* (ϩⲏ) erwarten sollte. Doch wird die Sache in beiden Fällen wohl eher so liegen, daß der Schreiber für das von ihm gesprochene Wort (ϩⲟⲩⲓⲧ, ϩⲏ), das er im demotischen Text anwandte, im hieroglyphischen Text geflissentlich eine alte Sinnvariante wählte.

[2] Die Vermerke I, II, III, IIII, die sich auf Blöcken der Pyramide Amenemmes' II. (Dyn. 12) finden (de Morgan, Fouilles à Dahchour II S. 44), enthalten keine Ordinalzahlworte mit *mḥ*, sondern stellen, wie schon de Morgan gesehen hat, Versatzmarken dar und sind *mḥ(·tj) 1* „nördlich 1“, *mḥ·(tj) 2* „nördlich 2“ usw. zu lesen, einem *rś(·j) 1* „südlich 1“, *rś(·j) 2* „südlich 2“ auf der gegenüberstehenden Wand entsprechend. — Auf der von Chassinat, Rec. de trav. 14, 10, veröffentlichten magischen Papyrusrolle Louvre 3237 (nach Dyn. 20) steht nicht die Ordnungsziffer *mḥ 1·t* „die erste“ (fem.!), wie Maspero lesen wollte. Der betreffende Vermerk kann nie und nimmer so gelesen werden. Die Rolle ist vielmehr da, wo die zugehörige „zweite“ Rolle, Louvre 3239, den Vermerk *mḥ 2* „2 vollmachend“ (mask.!) trägt (auf der Rückseite über dem Namen der Schutzgöttin), ohne Ordnungsziffer gelassen, deren sie als erste der Serie nicht bedurfte.

Erst in hieroglyphischen und demotischen Texten der Ptolemäerzeit — und anscheinend nur in diesen — begegnet uns tatsächlich zuweilen ein aus *mḥ* und der Zahl 1 (auch phonetisch ausgeschrieben *wꜥ*) gebildeter Ausdruck, der die Bedeutung „der erste" zu haben scheint. Er ist namentlich in der Klassifizierung der Heiligtümer Ägyptens in solche erster, zweiter und dritter Ordnung üblich[1]). So lesen wir z. B. am Ende der dreisprachigen Inschrift von Rosette:

hierogl. *m r-pr·w nb m mḥ 1 mḥ 2 mḥ 3* „in allen Heiligtümern von den 1 vollmachenden, 2 vollmachenden, 3 vollmachenden".

demot. *n nꜣ irpj·w mḥ 1 nꜣ irpj·w mḥ 2 nꜣ irpj·w mḥ 3* „in den 1 vollmachenden Heiligtümern, den 2 vollmachenden Heiligtümern, den 3 vollmachenden Heiligtümern".

griech. ἐν ἑκάστῳ τῶν τε πρώτων καὶ δευτέρων καὶ τρίτων ἱερῶν.

Desgleichen heißt es im dreisprachigen Dekret von Kanopus einmal (Tanis 29 = Kom el hisn 20):

hierogl. *m r-pr·w mḥ wꜥ* (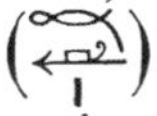) *m r-pr·w mḥ 2 r ꜣw-sn* „in den 1 vollmachenden Heiligtümern, in den 2 vollmachenden Heiligtümern, allen".

demot. *n nꜣ irpj·w mḥ 1 nꜣ irpj·w mḥ 2 rpj rpj.*

griech. ἐν ἑκάστῳ τῶν πρώτων καὶ δευτέρων ἱερῶν.

Und anderwärts gelegentlich auch allein ohne Nennung der zweiten und dritten Heiligtümer:

hierogl. *nꜣ irpj·w mḥ 1* „die 1 vollmachenden Heiligtümer", Kairo 31089, 3 (Spiegelberg, Die demotischen Denkmäler S. 21).

Es ist nicht zu verkennen, daß hier eine absichtliche und künstliche Angleichung an die Ausdrücke *mḥ 2*, *mḥ 3* vorliegt. Ja, man könnte, wenn nicht die phonetische Schreibung *mḥ wꜥ* vorläge, denken, daß diese Angleichung überhaupt nur äußerlich in der Schrift, nicht in der Sprache geschehen sei. Auch wir schreiben ja *der 1ste* oder *der 1.*, ohne *der einte* statt *der erste* zu sagen, und 1/2, ohne *ein Zweitel* statt *ein halb* zu sagen. Ebenso schreibt der Engländer *1st*, *2nd* für die Worte *first*, *second*, die mit den Zahlworten *one*, *two* nichts zu tun haben.

Die richtige Bewertung des *mḥ 1* oder *mḥ wꜥ*, das, wie gesagt, nicht der gewöhnliche Ausdruck für „der erste" ist und auch im Koptischen sich nicht erhalten hat, gibt uns vermutlich eine Stelle in der „demotischen Chronik", die Spiegelberg kürzlich neu herausgegeben hat. Dort (4, 1ff.) beginnen die zu erklärenden Orakelworte mit den Ordnungsziffern *mḥ 1*, *mḥ 2*, *mḥ 3* usw. bis *mḥ 7*, die so absolut dastehend, also substantivisch gebraucht, ohne den bestimmten Artikel[2]) nicht „der 1ste", „der 3te" usw.

[1]) Das Dekret von Kanopus hat statt dessen aber auch mitunter den alten Ausdruck *ḫntj* „der Vorderste" (s. ob. S. 114).

[2]) Nur beim zweiten Orakelwort steht der Artikel, weil hier ein genitivischer Beziehungsausdruck folgt: *pꜣ mḥ 2 n tꜣ ḥmꜣ·t* „der 2te des Geschlechtes (o. ä.)".

übersetzt werden können, sondern nur erstarrte formelhafte Kurzausdrücke wie unser „Nr. 1" („Nummer eins"), „Nr. 3" („Nummer drei"), sozusagen Sprach-Siglen, sein können.

Das bestätigt denn auch der Befund in den zugehörigen Erklärungen. Dort heißt es *pꜣ ḥrj mḥ 2* „der 2 vollmachende Herrscher", *pꜣ ḥrj mḥ 3* „der 3 vollmachende Herrscher" usw. für der 2te, 3te usw. Herrscher. Nur bei dem ersten Orakelwort steht statt dessen wieder einfach der uns beschäftigende Ausdruck *mḥ 1* wiederum ohne Artikel, obwohl deutlich im Sinne von „der erste" gebraucht und von einer Form des Relativsatzes gefolgt, die nur auf determinierte Ausdrücke folgen kann[1]). Wir können auch hier nur „Nr. 1" übersetzen:
mḥ 1 i·ir ij m-sꜣ nꜣ Mdj „Nr. 1, der nach den Medern kam".

Die gleiche Erklärung ist nun offenbar auch bei den oben angeführten Klassifizierungsangaben betreffend die ägyptischen Heiligtümer anzunehmen. Und zwar legt es die zuerst angeführte Stelle, an der der mit *mḥ* gebildete Ordnungszahlausdruck durch die partitive Präposition *m* „aus", „von" angeknüpft ist, nahe, auch dort die Ausdrücke *mḥ 1*, *mḥ 2*, *mḥ 3* substantivisch aufzufassen und auf ein nichtgenanntes Wort wie „Klasse", „Ordnung" o. ä. zu beziehen. Damit entfällt denn auch gleich die höchst anstößige Notwendigkeit, einen so spezifisch singularischen Ausdruck wie *mḥ wc* „eins vollmachend" attributivisch mit dem Pluralis „die Heiligtümer" zu verbinden. Statt „die 1 vollmachenden Heiligtümer" wird man also zu übersetzen haben: „die Heiligtümer der (Klasse) Nr. 1" oder „aus (Klasse) Nr. 1". Grammatisch steht dem in der Tat nichts im Wege[2]).

Auch der Ausdruck *pꜣ tš mḥ 1* für die erste der bei Staatsverkäufen vorgeschriebenen 4 Einzahlungsraten, Pap. demot. Eleph. 2, 5, wird „die Rate Nr. 1" zu übersetzen sein.

Der Ausdruck *mḥ wc*, der so als Entsprechungsform zu den Ausdrücken *mḥ 2*, *mḥ 3* auftritt, wo diese, unserem „Nr. 2", „Nr. 3" zu vergleichen, als Starrformen oder Siglen gebraucht erscheinen, ist augenscheinlich nach ihrem Muster gebildet worden, als man sich der ursprünglichen Bedeutung des *mḥ* „vollmachend" in ihnen nicht mehr bewußt war und darin lediglich ein grammatisches Präfix sah. Zu *mḥ 2* „Nummer zwei" brauchte man ein „Nummer eins", das das Zahlwort für 1 enthielt.

3. Der Ordinalzahlausdruck mit *ntj* „welcher".

Im Neuägyptischen tritt vorübergehend eine zweite Form des Ordinalzahlausdrucks auf, die wohl als Ellipse einer Variante der oben besprochenen

[1]) Partizipium *i·ir* „getan habend" mit abhängigem Infinitiv.

[2]) Im Hieroglyphischen kann der Genitiv ja direkt angeknüpft werden; ebenso im Demotischen, wo der Genitivexponent dann aber beim Lesen zuzufügen ist.

Form mit *mḥ* „füllen“ anzusehen ist[1]). Sie besteht darin, daß an Stelle des Partizipiums „füllend“, „der welcher füllt“, das Wort *ntj* „welcher“, „welche“ tritt, das nominale Relativsätze einleitet, wenn sie determiniert sind. Mit *mḥ* „füllen“ würde ein solcher Relativsatz *pꜣ ntj* (*ḥr*) *mḥ* „der, welcher beim Füllen ist“, d. i. „welcher füllt“, *tꜣ ntj* (*ḥr*) *mḥ* „die, welche beim Füllen ist“, d. i. „welche füllt“, lauten. Nach Weglassung des als selbstverständlich empfundenen Infinitivs *mḥ* „füllen“ — die ihm vorausgehende Präposition *ḥr* war ohnehin im Neuägyptischen bereits weggefallen — mußte das die Ausdrucksform ergeben, die uns vorliegt:

pꜣ ntj sp 2 „das (Mal), welches 2 Male (vollmacht)“, d. i. „das 2te Mal“, Petrie, Koptos 18, 1. — *sp* „Mal“ ist mask.

tꜣ ntj 4·t rnp·t „das (Jahr), welches 4 Jahre (vollmacht)“, d. i. „das 4te Jahr“, Orb. 13, 5. — *rnp·t* „Jahr“ ist fem.

pꜣ ntj 6 „der, welcher 6 (vollmacht)“, d. i. „der 6te (Schreiber)“, Anast. I 6, 3 (vgl. Ztschr. f. äg. Sprache 41, 59 Anm.).

Eine entsprechende Form des Ordinalzahlausdrucks findet sich in der Sprache des Negerreiches Ibo am untern Niger, die die Ordinalia durch Vorsetzung des Relativwortes *ṅke* „welcher“ vor die Kardinalzahlen bildet[2]). Die neuägyptische Ausdrucksweise mit *ntj* „welcher“ unterscheidet sich davon nur darin, daß in ihr das Relativwort noch nicht mit der Zahl eine feste Verbindung eingegangen ist, sondern vor den ganzen aus dem gezählten Worte und der Zahl bestehenden Kardinalzahlausdruck („4 Jahre“) tritt, um ihn in einen Ordinalzahlausdruck („das 4. Jahr“) zu verwandeln. Das zeigt nämlich deutlich der Fall bei der Zahl 2, wo das gezählte Wort zwischen *ntj* und der Zahl steht, weil das Kardinalzahlwort 2 hinter dem gezählten Worte stehen muß (S. 52. 57).

4. Der Ordinalzahlausdruck durch das Partizip eines Zahlverbums.

Die Idee des Vollmachens einer Zahl, die den bisher besprochenen ägyptischen Ordinalzahlausdrücken zugrunde liegt, kommt in anderer, sehr eigenartiger Weise auch in den arabischen Ordinalzahlworten zum Ausdruck. Diese sind nämlich nichts anderes als aktive Partizipia der Form *fācilun*[3]) von Verben, die ausdrücklich eben diese spezielle Bedeutung haben: eine Anzahl um eins vermehren, sodaß die in dem betreffenden Verbum genannte Zahl entsteht, oder mit andern Worten: die betreffende Zahl vollmachen, aus der um eins kleineren Zahl herstellen.

---

[1]) Siehe Ztschr. f. äg. Sprache 38, 144.

[2]) Fr. Müller, Grundriß der Sprachwissenschaft I 2, S. 125.

[3]) Ebenso nach Littmann auch im Altäthiopischen und im Tigrē.

So sagt der Araber unter Anwendung dieser Verben:

kānū tisꜥatan wa-ꜥišrīna fa-ṯalaṯtu-hum „sie waren 29, da machte ich sie zu 30" [1]).

fa-ꜥin ṯalaṯū narbaꜥ „wenn sie (aus 2 getöteten Feinden) 3 machen, werden wir (aus 3) 4 machen" [1]).

huwa muꜥaširinun tisꜥata ꜥašara „er ist 19 zu 20 machend" [2]).

Dem letzten Beispiel genau entsprechend braucht man nun auch die Ordinalzahlwörter selbst noch ganz als Partizipia mit verbaler Akkusativrektion:

huwa rābiꜥun ṯalāṯatan „er ist 3 zu 4 machend" [2]).

neben der nominalen Genitivrektion:

huwa rābiꜥu ṯalāṯatin „er ist ein 4ter (eig. 4 machender) von 3" [2]).

Die Parallelität zwischen diesen Beispielen und dem Verhältnis von Stammbruch und Komplementbruch, wie wir es oben kennen gelernt haben, springt in die Augen. Es wird noch weiterhin darauf zurückzukommen sein.

Sehr bemerkenswert ist mit Rücksicht auf das, was oben über das Zahlwort „der erste" ausgeführt wurde, daß dem zu dem Zahlwort für 1 (*ꜥaḥadun*) gehörigen arabischen Zahlverbum *waḥada* und seinem Partizip *wāḥidun* die ordinale Bedeutung, wie sie den andern analog gebildeten Wortformen eigen ist, ganz abgeht. Das Verbum, das in der Bedeutung „zu 1 machen" von einem andern Objekt gebraucht nach der Natur der Dinge nur „auf 1 reduzieren" bedeuten könnte, nicht „durch Vermehrung um 1 auf die Zahl 1 bringen", wird nur von dem Subjekt selbst, also als Intransitivum, gebraucht und bedeutet „allein sein". Das Partizipium bedeutet demgemäß nicht „der erste", sondern „einer", „einzig", „allein" [3]).

Von den Zahlverben, die die Bedeutung des Herstellens der betreffenden Zahl durch das Subjekt haben und daher die ordinale Bedeutung „der Soundsovielte sein" haben, bildet das Arabische eine Kausativform mit Verdoppelung des mittleren Stammkonsonanten (sogen. Form II, dem hebr. Piꜥel entsprechend) „jemanden oder etwas die und die Zahl voll machen lassen". Das bedeutet dann sowohl „etwas soundsovielfach machen", „zum soundsovielten Male tun":

ṯallaṯa „zum dritten Male tun",

sabbaꜥa „siebenmal wiederholen".

als „etwas soundsovieleckig machen":

ṯallaṯa „dreieckig machen",

rabbaꜥa „viereckig machen", *ḫammasa* „fünfeckig machen" [3]).

Ganz entsprechende Verhältnisse finden sich bemerkenswerterweise auch in völlig entlegenen Teilen der Erde wieder, in Sprachen, die mit

---

[1]) Lisân el- ꜥArab s. v. *ṯalaṯa*, nach freundlicher Mitteilung von Littmann.

[2]) Caspari, Arab. Gramm.[5] § 474.

[3]) Ebenso nach Littmann im Äthiopischen.

dem Arabischen in keinerlei Zusammenhang stehen, wie z. B. auf der Gazellehalbinsel der deutschen Südseeinsel Neu-Pommern (Neu-Britannien). Die dort gesprochene Sprache bildet von den Kardinalzahlen, wie *a utul* „drei", *a ilima* „fünf" (*a* ist der Artikel) mittels des Kausativelementes *va* „machen", „veranlassen" verbale Ausdrücke *va utul*, *va ilima*, die einerseits als Verben wie die arabischen Kausativformen „dreimal tun", „fünfmal tun" bedeuten (*i va-utul me* „er hat drei gemacht damit", d. i. „er hat es dreimal getan"), andererseits als Nomina den Ausdruck für die Ordinalzahlen abgeben, der in seiner Bildung dem ägyptischen Ordinalzahlausdruck mit dem Präfix *mḥ* „füllend" entspricht: *a va-utul* „der dritte" eigentlich „der, welcher macht, daß es drei werden", *a va-ilima* „der fünfte" usw. [1]).

Auch für das Altägyptische scheinen wir ursprünglich Verhältnisse, wie sie das Arabische aufweist, anzunehmen zu haben.

Zunächst kannte auch das Ägyptische solche Zahlverben, von denen aber nur wenige in der geschichtlichen Sprache noch lebendig sind. Das von *wꜥj·w* „eins" gebildete Verbum *wꜥj*, das sich als einziges (scheint es) bis ins Neuägyptische hinein gehalten hat, bedeutet wie im Arabischen „allein sein", „einzig sein".

In einer Stelle der alten Pyramidentexte scheint sich dieses Verbum noch im Parallelismus mit dem von *śn·wj* „zwei" abgeleiteten Zahlverbum zu finden, indem beide von dem Kausativverbum *rḏj* oder *ḏj* (später *rdj*, *dj*) „machen, daß", „veranlassen, daß" (eig. „geben") abhängig gemacht sind:

pśḥ-k NN., *ḏj-f wꜥ(j)-k*, *mꜣꜣ-k* NN., *ḏj-f śnw-k* [2]) „beißt du (o Schlange, mask.) den NN., so läßt er dich eins machen (d. h. allein sein), siehst du den NN. (nur) an, so läßt er dich zwei machen (d. h. in Gesellschaft deiner Gattin sein)", Pyr. 232 c.

In der gleichen Verbindung mit *rdj* „machen, daß", die in ihrer Bedeutung den arabischen Kausativformen entspricht, findet sich dann auch das von der Zahl 4 gebildete Verbum in der mathematischen Literatur des mittleren Reiches, um gleich dem arabischen *rabbaꜥa* das „viereckig machen" (lat. *quadrare*) auszudrücken:

r rdj·t ifd-ś „um es viereckig werden zu lassen" von einem Dreieck oder abgestumpften Dreieck (Paralleltrapez), das in ein Rechteck verwandelt wird. Math. Handb. (ed. Eisenlohr) Nr. 51. 52.

Außerdem besitzt die Sprache der geschichtlichen Zeit noch von dem Zahlwort 3 ein Verbum, das selbst schon eine solche kausative Bedeutung hat und wie das arab. *ṯallaṯa* und das Zahlverbum *va-utul* der oben zitierten Südseesprache „zum dritten Male wiederholen" bedeutet:

---

[1]) Parkinson, Dreißig Jahre in der Südsee (Stuttgart 1907), S. 733.

[2]) Zur Schreibung vgl. Ztschr. f. äg. Sprache 47, 23.

ḫmt n-j nb-j ḥsw·t-j „mein Herr ließ mir meine Belobigungen drei werden (oder machen)“, d. h. er belobte mich zum dritten Male. Rougé, Inscr. hiérogl. 27 (Dyn. 18).

Man wird hierin gewiß eine Picel-Form, wie die arabischen Parallelformen, zu erkennen haben; die Verdoppelung des mittleren Konsonanten kann ja in der ägyptischen Konsonantenschrift ebensowenig für das Auge hervortreten, wie in unvokalisiert und unpunktiert geschriebenen semitischen Texten. Die Grundform dazu (arab. Form I, hebr. Qal) ist nicht mehr in der Sprache lebend als Verbum nachzuweisen, wohl aber ihr Partizipium, das ursprünglich den „dritten“ bedeutet haben wird und in der Sprache des alten Reiches noch in der daraus entstandenen Bedeutung „Gefährte“ (s. u. Abschnitt 6) gelebt hat:

(der selige König durchfährt den Himmel), *ḫmt n Śpd·t* „der Dritte (d. i. Gefährte) der Sothis (d. i. des Sirius)“, Pyr. 1152 b. 1182 d; vgl. auch die unklare Stelle ib. 1424 a.

(als mein Bruder zum Oberbaumeister ernannt wurde), *wn-j m ḫmt-f* „war ich sein Dritter (d. i. Gefährte oder Gehilfe)“. Biographische Inschrift des *Nḫbw* (Dyn. 6), von Reisner bei Gizeh ausgegraben, jetzt im Museum von Kairo. — Das Wort ist hier mit der Zahl 3 und dem Deutzeichen des Mannes  geschrieben.

Wie man sieht, wird das Wort, das in seiner Schreibung noch deutlich den Zusammenhang mit der Zahl „drei“ verrät, auch da gebraucht, wo garnicht mehr von einer Gesellschaft von drei Personen die Rede ist. Es bedeutet also nicht mehr „Gefährte von Zweien“, sondern ganz allgemein „Gefährte“. Das hängt natürlich damit zusammen, daß es als Ordinalzahlwort längst nicht mehr verwendet wird. Es ist tatsächlich nur ein vereinzelt dastehender Zeuge einer älteren vorgeschichtlichen Ausdrucksweise für die Ordinalzahlen, die in geschichtlicher Zeit der oben in Abschnitt 1 besprochenen und der unten in Abschnitt 5 zu besprechenden Platz gemacht hat, sonst aber eben nur noch aus den oben besprochenen Zahlverben *śnw*, *ifd* zu erschließen ist. Auch an den oben zitierten Stellen der Pyramidentexte setzen einzelne Varianten die jüngere Bildung *ḫmt·nw* für das alte *ḫmt* „Gefährte“ ein.

Nach diesem Befunde wird man auch für die semitischen Sprachen allgemein einen ähnlichen Entwicklungsgang anzunehmen haben. Sie werden ursprünglich alle gleich dem Arabischen und Altäthiopischen partizipiale Ordinalzahlworte gehabt haben, und erst sekundär nach Abstoßung dieser Formen zu der im Hebräischen, im Syrischen und im Amharischen herrschenden Ausdrucksweise (mittels einer nominalen Ableitungsendung gebildete Ordinalia) übergegangen sein. Das Arabische würde sich also auch hier wieder einmal als die altertümliche unter ihren Schwestern erweisen. Und in der Tat sind, wie mich E. Littmann belehrt, die hebräischen Ordinalia auf *-ī* und die der Tigriña-Sprache auf *-āy* von ebensolchen partizipialen Formen, wie sie das Arabische als Ordinalia verwendet, abzuleiten. Hebr. *r^ebīcī* „vierter" ist von einer Grundform *rabīc*, Tigriña *rābcāy* von der im Tigrē noch daneben vorkommenden altäthiopischen Form *rābec* gebildet, die dem arab. *rābicun* entspricht.

Aus dem Kreise der indogermanischen Sprachen hat man vielleicht ein Seitenstück zu diesen Erscheinungen in den altertümlichen Bruchbezeichnungen des Lateinischen *triens* = 1/3, *quadrans* = 1/4, die wir oben (S. 65) kennen gelernt haben. Sie sehen wie Partizipia von Verben **triĕre*, *quadrare* aus, von denen das letztere nicht nur in der Bedeutung „viereckig machen" (vgl. das altägyptische Zahlverbum *ifd* „viermachen"), sondern auch in der Bedeutung „als vierter Teil das Ganze vervollständigen", also den arabischen Zahlverben ganz entsprechend, in der Tat noch in der geschichtlichen Sprache vorliegt, vgl. Horat., Epist. I 6, 34/5:

Mille talenta rotundentur, totidem altera, porro et
Tertia succedant, et quae pars quadret acervum,

wo mit dem Schlußsatz „und der Teil, der als vierter den ganzen Haufen vollständig macht", das vierte Tausend gemeint ist[1]).

Nach allem, was wir oben über die Bruchbezeichnungen in den verschiedenen Sprachen kennen gelernt haben, ist es nicht unwahrscheinlich, daß diese mutmaßlichen Partizipia *triens* und *quadrans* ursprünglich ebenso wie das *tertia (pars)*, *quarta (pars)*, dem sie in geschichtlicher Zeit allmählich weichen müssen, ordinale Bedeutung gehabt haben, wie die ihnen in der Form entsprechenden arabischen Ordinalzahlworte: „der drei resp. vier (Teile) vervollständigende (Teil)"[2]).

Auch *sextans* = 1/6, das von *sextus* abgeleitet oder beeinflußt zu sein scheint, und *octans* für 1/8 des Kreises (45°), das nicht vor Vitruv vorkommt, zeigen partizipiale Bildung.

5. Die Ordinalzahlworte mit dem Ableitungssuffix *nw.*

Neben der oben besprochenen Umschreibung durch *mḥ* „füllend", in einer gewissen Abgrenzung gegen sie im Gebrauch, steht im Altägyptischen eine andere Bildung der Ordinalzahlworte, die sich bis in das neue Reich und vereinzelt in gewissen Verbindungen sogar bis ins Demotische hinüber

---

1) Vgl. Heinze zur Stelle (Hinweis von Reitzenstein).

2) Auffallend ist, daß *triens* und *quadrans*, wie die andern Bezeichnungen für die Zwölftelteile des As, Maskulina sind. Adjektivisch gebraucht scheinen übrigens die beiden alten partizipialgestalteten Bruchbezeichnungen noch in den Ausdrücken *quadrantes usurae* (Scaevola), *usurae trientes* (Plin.) vorzuliegen.

gerettet hat[1]). Sie erfolgt durch Anhängung der Endung *-nw*, fem. *-nw·t*, an den Stamm des Kardinalzahlwortes:

šn·nw „der 2te" — *šn·nw·t* „die 2te".
ḫmt·nw „der 3te" — *ḫmt·nw·t* „die 3te".
fd·nw „der 4te" — *fd·nw·t* „die 4te".
sfḫ·nw „der 7te" — *sfḫ·nw·t* „die 7te".

Hinsichtlich der Verbindung mit dem gezählten Worte werden diese Ordinalzahlausdrücke später (vom mittleren Reich ab) wie Adjektiva behandelt; sie stehen also nach dem Nomen, zu dem sie als Attribut gehören:

sp-f 3·nw ḥb-šd „sein 3. Mal des Jubiläums", Urk. IV 590.
wdj·t 6·nw·t „der 6. Feldzug", Urk. IV 689.
sbḫ·t 7·nw·t „das 7. Tor", Totb. Kap. 146.

Anders in der älteren Sprache. Dort stehen die mit *nw* gebildeten Ordinalzahlausdrücke vor dem Substantiv und werden mit Possessivsuffixen versehen, also ganz wie es mit den Kardinalzahlwörtern geschah (S. 45/6). Man wird auch hier das nachgestellte gezählte Wort als Apposition aufzufassen haben:

šn·nw sp „ein zweites (nämlich) Mal", *ḫmt·nw sp* „ein drittes (nämlich) Mal", Urk. I 124. 125 (a. R.).
fd·nw-f hrw „sein vierter (nämlich) Tag", Pyr. 1978c.
šn·nw sp „ein zweites Mal", Ḥar-ḥotep 405. Vgl. Urk. II 19 (ptolem. Zeit).
3·nw sp „ein 3tes Mal", Bauer B. 1, 139. — Ebenso daselbst das 4te, 5te usw. Mal bis zum 9ten, B. 2, 91.
šn·nw·t-f iȝw·t „sein zweites Amt (fem.)", Siut 3, 20.

Später wird das gezählte Wort dabei durch den Genitivexponenten *n* angeknüpft, wie es im Neuägyptischen bei den Kardinalzahlen von 10 aufwärts und später im Koptischen allgemein üblich ist[2]):

3·nw n hrw „der 3. Tag" eig. „der 3te von (der Kategorie) Tag", Hearst 2, 3.
2·nw n sp „ein 2. Mal", Metternichstele 46.

Diese mittels der Endung *nw* gebildete Form der Ordinalzahlworte ist, zum mindesten im neuen Reich, auf die Zahlen von 2 bis 9 beschränkt. Für höhere Zahlen, von 10 an, ist in dieser Zeit ausschließlich die Um-

[1]) Griffith, Rylands demot. papyri III 417. — Brugsch, Gramm. démot. § 137a. E. (erkannte das *nw* nicht als solches): *pȝj-j šr 2·nw* „mein 2. Sohn".

[2]) Diese Konstruktion liegt wohl auch in der neuägyptischen Erzählungsformel „als die Erde hell ward und ein zweiter Tag wurde" vor, wo *2 n hrw* nach einer treffenden Bemerkung von Gardiner nur eine abgekürzte Schreibung für *2·nw n hrw* sein kann, das sich, wie mir Spiegelberg zeigte, in der Tat in späteren hieroglyphischen Texten dafür findet (Urk. III 34 = Picanchi 97). Diese wird dadurch verursacht gewesen sein, daß die Endung *nw* nach den Lautgesetzen damals bereits zu *ne*, wenn nicht gar nur *n*, reduziert gewesen sein wird und in der Verbindung *šn·nw* nur als Verdoppelung des *n* des Stammes gehört werden konnte *šn·nw n* (*sŏn·nĕn-*).

schreibung mit *mḥ* „füllend" üblich[1]), die übrigens aber selbst schon in dieser Zeit auch bei niedrigeren Zahlen vorkommt. Es ist nicht unmöglich, daß diese Beschränkung der Ordinalzahlbildung mit *nw* auf die Einerzahlen etwas sehr altes Ursprüngliches war, da wir auch in alter Zeit kein Ordinalzahlwort dieser Art von höheren Zahlen als 9 nachweisen können.

In der Tat besitzen auch die semitischen Sprachen nur für die Zahlen von 2 bis 10 eigene Ordinalzahlworte und gebrauchen für die höheren Zahlen die Kardinalzahlworte in der Art, wie wir das im Ägyptischen bei den Stammbrüchen mit *r* „Mund" und in einigen andern Fällen für alle Zahlen, auch die unter 10, konstatieren konnten. Es wäre wohl denkbar, daß die Ägypter der älteren Zeiten für die höheren Zahlen gleichfalls ausschließlich diese Art des Ordinalzahlausdruckes angewendet hätten, soweit sie nicht etwa von jeher dafür die Umschreibung mit *mḥ* „füllend" gebraucht haben sollten. Daß uns diese bisher vor dem neuen Reich nicht begegnete, war rein zufällig und beruhte auf dem einfachen Grunde, daß uns zufällig Beispiele höherer Ordinalzahlen vor dieser Zeit überhaupt nicht belegt waren, abgesehen von solchen Fällen, wo eben der Gebrauch des Kardinalzahlwortes allgemein üblich war und zum Teil bis in das Koptische hinein üblich geblieben ist (Worte für Jahr, Tag, Stunde, Mal, Teil). Inzwischen ließ sich ein mit *mḥ* gebildeter Ordinalzahlausdruck „das Tausendste" für das alte Reich wirklich nachweisen (s. ob. S. 112). In der Tat ist die Ausdrucksform mit *mḥ* „füllend" ihrem Wesen nach gewiß etwas sehr Altertümliches, und es ist a priori wahrscheinlich, daß sie nicht jünger als die mit der Endung *nw* gebildete gewesen ist.

Die Endung *-nw* dürfte nun aber der häufigen semitischen Ableitungsendung *-ān* (hebr. *-ōn*) oder *-ānī* entsprechen, die wir in dem hebräischen Ausdruck für „der erste" *rīšōn* antrafen. Dort stand ihr im Ägyptischen die Nisbeendung *-j* gegenüber (*tp·j*), dieselbe, die wir im Hebräischen[2]) zur Bildung der Ordinalzahlworte von 2 bis 10 verwendet finden: חֲמִישִׁי *ḥ^a^mīšī* „der 5te", עֲשִׂירִי *c^a^śīrī* „der 10te", eben jener Ordinalzahlworte, deren Femininalformen auf *-īt* auch zur Bezeichnung der Stammbrüche von 1/3 bis 1/10 dienen.

Beide Endungen stehen hier also in einem Wechselverhältnis[3]). Sie entsprechen sich auch in der Bedeutung, denn beide bezeichnen die

[1]) Vgl. Totb. ed. Naville, Kap. 146 (wo das saitische Totenbuch inkorrekt die mit *mḥ* gebildeten Ausdrücke des alten Textes durch solche mit *nw* ersetzt). Urk. IV 684—734. — Diese Tatsache war bereits den älteren Ägyptologen wohl bekannt und ist nichts Neues, wie es nach Erman, Äg. Gramm.³ § 245, scheinen könnte.

[2]) Im Tigriña in der Form *-āy*, s. ob. S. 121.

[3]) Man könnte in der Benennung עִשָּׂרוֹן *ciśśarōn* für das Zehntel des Epha-Maßes sogar noch einen vereinzelt stehengebliebenen Zeugen einer älteren, der altägyptischen Ausdrucksweise entsprechenden Ordinalzahlbildung vermuten, gerade wie oben S. 121 im lat. *quadrans* = 1/4 ein solcher Zeuge einer abgestorbenen älteren Ordinalzahlbildung, die der arabischen Ausdrucksweise entsprach, vermutet werden konnte.

Zugehörigkeit oder Beziehung zu dem Gegenstande, dessen Namen sie angehängt werden. In unserm Falle ist das die Kardinalzahl, zu der der mit der Ordinalzahl bezeichnete Gegenstand gehören soll. Hebräisches חֲמִישִׁי *ḥ^{a}mīšī*, der „fünfte" ist der „zur Fünf gehörige", sozusagen der „fünf-ische"[1]), und ebenso ägyptisches *ḫmt-nw* der „dritte", der „zur Drei gehörige", der „drei-ische".

Diese Bezeichnung ist nun aber augenscheinlich als eine relative gedacht, ebenso wie die Bezeichnungen für den „ersten". Zugehörig zur Zahl 5 „fünfisch", „fünfartig" ist der fünfte im Vergleich mit anderen, vor anderen. Es ist gemeint, daß er der Zahl 5, die er vollmacht, deren Reihe er abschließt, näher steht als andere, daß er ihr also am nächsten steht. Die Bezeichnung ist also ihrem Inhalt nach ein Superlativ.

In der Tat kennt das Ägyptische so wenig wie die semitischen Sprachen besondere Steigerungsformen für die Adjektiva[2]). Jedes Adjektiv kann, wenn es der Zusammenhang gebietet, komparativische und superlativische Bedeutung haben, ohne daß sich seine Form deswegen änderte. Die Bedeutung der Steigerung ist lediglich aus dem Zusammenhang und der Konstruktion des Adjektivs zu entnehmen. Wenn im Ägyptischen von zwei Brüdern der eine „der Große", der andere „der Kleine" heißt, so bezeichnet das nach unserer Redeweise „den ältern" und „den jüngern". Wenn ein Tempel „schön gegen alle andern Tempel" ist, so ist er eben „schöner als sie". Wenn Osiris „der große der Kinder der Nut" heißt, so ist er damit als „der älteste von den Kindern der Nut" bezeichnet, vgl. dazu das auf S. 110 zitierte Beispiel Rec. de trav. 14, 10.

Wenn wir demnach die Ordinalzahlworte des Ägyptischen und Hebräischen superlativisch als „der fünfischste", der fünf zunächst stehende, ihr vor andern zugehörige, aufzufassen haben, so wird damit wieder eine Brücke zu den indogermanischen Sprachen geschlagen. Denn auch diese bezeichnen, wie das längst bemerkt worden ist, die Ordinalia vielfach durch superlativische, resp. bei dem „zweiten" durch komparativische Formen[3]). Im Lichte unserer Ergebnisse wird τρίτος, wofür Homer bekanntlich noch τρίτατος sagt[4]), als der der Zahl 3 am nächsten stehende, vor andern zu ihr gehörige, „am meisten dreiartige" aufzufassen sein,

[1]) Der Umstand, daß die hebräischen Formen und ebenso die entsprechend gebildeten abessinischen Formen der Ordinalia, wie mir E. Littmann zeigte, nicht direkt von den Kardinalzahlen gebildet sind, sondern Erweiterungen der älteren partizipialen Ordinalzahlen, wie sie das Arabische noch erhalten hat, darstellen, ändert hieran nichts.

[2]) Auch die arabische Elativform ist ja eigentlich keine Steigerungsform in unserem Sinne, sondern nur eine Adjektivform, die die besondere Stärke der Eigenschaft bezeichnet und erst durch den Zusammenhang komparativische oder superlativische Bedeutung bekommt.

[3]) Pott, Die quinare und vigesimale Zählmethode, S. 213.

[4]) Er hat auch noch die entsprechend gebildeten Formen τέτρατος, ἑβδόματος, ὀγδόατος.

δεύτερος aber als der der 2 nähere, „der zweiartigere“ [1]). Ebenso der *zwanzigste*, *vigesimus* der am meisten zwanzigartige.

Eine schöne Sinnparallele zu dieser, auch vielen andern Sprachen der Erde eigentümlichen Ausdrucksweise für die Ordinalzahlen bildet die in den Berbersprachen übliche Ordinalzahlbildung, obwohl sie äußerlich in ihrer Form grundverschieden ist. Dort werden die Ordinalia durch Vorsetzung der Demonstrativa mask. *wa* „der“ (vgl. kopt. ⲡⲁ-) und fem. *ta* „die“ (vgl. kopt. ⲧⲁ-) und des Genitivexponenten *n* (vgl. kopt. ⲛ̄-) resp. der Dativpräposition *s* „von“, „zu“ (franz. *à*) vor das mask. oder fem. Kardinalzahlwort gebildet [2]).

wa-n-essin oder *wa-s-essin* „der zweite“ eig. „der von zwei (Männern)“.
ta-n-esenatet oder *ta-s-esenatet* „die zweite“ eig. „die von zwei (Frauen)“.
wa-n-keradh oder *wa-s-keradh* „der dritte“ eig. „der von drei (Männern)“.
ta-n-keradhat oder *ta-s-keradhat* „die dritte“ eig. „die von drei (Frauen)“.

Hier tritt in dem Genitivverhältnis die Zugehörigkeit des Gegenstandes, der durch das Ordinale bezeichnet werden soll, zu der Kardinalzahl, die er vollständig macht, recht deutlich zutage. — Über eine andere Parallele aus der Khetschua-Sprache, s. u. S. 129.

6. Das Ordinalzahlwort zur Bezeichnung des Gefährten.

Sehr deutlich scheint die eigentliche Bedeutung der Ordinalzahlworte, wie sie sich uns oben dargestellt hat, in einem eigentümlichen Gebrauch hervorzutreten, den das Altägyptische für die alten mit *-nw* gebildeten Ordinalia mit dem Arabischen gemein hat, nämlich, um den Gefährten einer Anzahl von Personen oder Dingen zu bezeichnen [3]). Man sagt so ägyptisch:

wc(j)·kwj ib-j m śn·nw-j „ich war allein (eig. „eins“), mein Herz war mein Zweiter“, d. h. mein einziger Gefährte. Schiffbrüch. 42.

2 nw n n-św·t m śc̱ḥc Ḏd „2ter (d. h. Gefährte) des Königs bei der Aufrichtung des Ded-Pfeilers“, Ztschr. f. äg. Sprache 49, 24.

---

[1]) Homer bildet zu δεύτερος, das naturgemäß auch „später“, „an zweiter Stelle“ bedeutet, einen Superlativ δεύτατος mit der Bedeutung „zuletzt“, richtiger vielleicht „zu allerletzt“.

[2]) Hanoteau, Grammaire de la langue Tamachek S. 129/130; derselbe, Grammaire de la langue cabyle S. 248.

[3]) Während die andern Ordinalia nur in der älteren Literatur so gebraucht vorkommen, ist *śn·nw* „der 2te“, *śn·nw·t* „die 2te“ in der Bedeutung „Kamerad“ zu allen Zeiten sehr gewöhnlich, vgl. Ztschr. f. äg. Sprache 47, 37. — Bemerkenswert ist, daß in der aus dem frühen mittleren Reich entstammenden Geschichte vom beredten Bauern zu jemand gesagt wird: „du machst dich zum 2ten von diesen 3“ (*2·nw n 3 pn*, Bauer B. 1, 150) für „du gesellst dich diesen dreien zu“, wo die älteste Sprache sagen würde „zum 4ten von diesen 3“. Das scheint zu zeigen, daß diese ältere Ausdrucksweise damals bereits außer Gebrauch gekommen war, und daß *2·nw* „der 2te“ das einzige Ordinalzahlwort war, das man noch im Sinne von „Gefährte“ gebrauchte, und zwar ohne Rücksicht auf die Anzahl, zu der sich der Gefährte gesellen soll, also wie oben S. 120 im alten Reich das fossil gewordene ältere Ordinale *ḫmt* „der Dritte“.

„ich bin der Sohn des Atum“ *śn·nw n Mꜣc·t* „der zweite (d. h. Bruder) der Wahrheitsgöttin“, Lacau, Textes religieux Nr. 67, 3.

iw-f r ḫmt·nw-ṯn „er wird euer Dritter sein“, Pyr. 363f.

„du steigst hinauf und hinab mit dem Orion“ *ꜣ·nw-ṯn pj Śpd·t* „euer 3ter ist die Sothis (d. i. der Sirius)“, Pyr. 822a.

Entsprechend heißt es arabisch[1]):

huwa ṯāliṯu 'ṯnaini „er ist ein Dritter von zweien“.

huwa rābicu-hum „er ist der vierte von ihnen (scil. dreien)“.

Vgl. oben S. 118.

Derselbe Gebrauch liegt im Deutschen in dem altertümlichen, heute kaum noch gebrauchten *selbander*, *selbdritt*, *selbfünft* usw. vor, durch das jemand als Gefährte von einem, zwei, vier Leuten bei einer Handlung bezeichnet wird („wir gingen selbdritt“, „er kam selbachter“).

Ähnlich auch bei Homer in:

τοῖσι (Eumaios und Melanthios) δ' ἐπὶ τρίτος ἦλθε Φιλοίτιος, Od. 20, 185.

οἱ δ' ἔλαχον .... τέσσαρες, αὐτὰρ ἐγὼ πέμπτος μετὰ τοῖσιν ἐλέγμην, Od. 9, 334.

In diesen Fällen tritt dem Sinne nach überall die Ordinalzahl neben einer Anzahl (Kardinalzahl) auf, die um eins niedriger ist und durch den Träger der Ordinalzahl zu der in dieser ausgedrückten höheren Zahl vervollständigt werden soll. Man kann beide Zahlen als Glieder einer Gesellschaft oder Teile eines Ganzen auffassen. Diese Gesellschaft entspricht dann durchaus der „Achtheit“ und der „Fünfheit“, zu der der Ägypter einen Gegenstand machte, wenn er ihn in 8 oder 5 Teile teilte (S. 44). Die Kardinalzahl unserer Beispiele aber stellt dann einen Komplementbruch dieses Ganzen (τὰ δύο μέρη), die Ordinalzahl den zugehörigen Stammbruch (τὸ τρίτον μέρος) dar. Die Ausdrücke entsprechen sich ja in der Tat vollkommen.

In der älteren ägyptischen Literatur wie im Arabischen findet sich nun neben der hier besprochenen Ausdrucksweise für dieselbe Sache, zum Ausdruck der Gefährtenschaft, auch noch eine andere, bei der beide Teile (Kardinal- und Ordinalzahl) die gleiche Zahl nennen. Hier nennt der von der Ordinalzahl abhängige Genitiv nicht die unvollständige, um eins zu vermehrende Zahl der Gefährten des Ordinalzahlwortes, sondern die durch dieses selbst vollständig gemachte Gesamtzahl. Der Genitiv hat hier also partitive Bedeutung. Das Ordinalzahlwort ist dabei im Deutschen mit „einer von“ zu übersetzen.

śn(·nw) n śn·wj „der zweite von zwei“, d. i. „der eine von zweien“, Urk. II 133[2]).

[1]) Caspari, Arab. Gramm.[5] § 474, 2.

[2]) *śn·nw* „der zweite“ hier geschrieben wie *śn* „Bruder“, das tatsächlich damit identisch gewesen zu sein scheint, s. Ztschr. f. äg. Sprache 47, 35ff.

Der selige König ist *fd·nw n. fd·w ip·w nṯr·w* „der vierte von diesen vier Göttern", d. h. einer von ihnen, Pyr. 316 b; ähnlich ib. 1457 a, Lacau, Textes religieux Nr. 67, 5. Brit. Mus. Egypt. stelae IV 49.

(i)nwk śfḫ·nw n śfḫ·t ip·t·w ʿr·wt „ich (der selige Tote) bin der siebente (mask.) von diesen sieben Uräusschlangen (fem.)", d. h. eine von ihnen, Ḥar-ḥotep 416/7.

fd·nw n mś·w Rʿ „der vierte von den Kindern der Reʿ", d. h. „einer von den 4 Kindern des Reʿ", Steindorff, Grabfunde des mittleren Reichs II 17.

ḫpr·k(wj) m śn·nw n śn·w(j) m ḫmt·nw n ḫmt(·w) m tꜣ pn „ich bin geworden zum zweiten von Zweien, zum dritten von Dreien in diesem Lande", d. h. es gibt neben mir nur noch einen oder höchstens zwei gleichhochstehende Männer im Lande. Inschrift des Si-renpowet, Ztschr. f. äg. Sprache 45, Taf. VI 12 (Dyn. 12). In der Variante ib. VII 12 sind die Kardinalzahlworte „zwei" und „drei" lediglich ideographisch durch die Bilder von 2 resp. 3 Männern ausgedrückt.

Ebenso arabisch[1]):

ḳālū ʾinna ʾllāha ṯāliṯu ṯalāṯatin „sie (die Christen) haben gesagt: siehe, Gott ist ein dritter von dreien", d. h. er ist einer von drei göttlichen Wesen.

ḫaraǵa Zaidun sābiʿa sabʿatin „Zaid zog aus als ein siebenter von sieben", d. h. mit 6 Gefährten.

Diese Beispiele sind deshalb so lehrreich, weil sie deutlicher als alles andere zeigen, daß die Ordinalzahl an sich noch nicht die Bedeutung einer Ordnungsziffer hat, sondern lediglich das die ganze Zahl vervollständigende Element bezeichnet. An keiner der angeführten Stellen ist gemeint, daß die mit der Ordinalzahl bezeichnete Person dem Range nach die letzte ihrer Reihe sei, sondern nur, daß sie ein Glied der Reihe sei, die ohne sie nicht vollständig wäre. Besonders deutlich tritt das in dem ersten der arabischen Beispiele hervor, wo Gott neben der Jungfrau Maria und Christus als „der dritte von drei" bezeichnet ist, obwohl er dem Range nach de facto das erste Glied dieser Trias bildet.

7. Das Ordinalzahlwort benannt nach der vorhergehenden Kardinalzahl.

Was oben für das Ägyptische und die andern zum Vergleich herangezogenen Sprachen hinsichtlich des Wesens des Ordinalzahlwortes festgestellt worden ist, nämlich, daß es lediglich denjenigen bezeichne, der eine gegebene Zahl um eins vermehrt, findet seine Bestätigung auch in einer

[1]) Caspari, Arab. Gramm.[5] § 474, 1.

eigenartigen Ausdrucksweise für die Ordinalzahlen, die wir in einigen Sprachen primitiver Völker finden. Diese Ausdrucksweise besteht darin, daß das Ordinalzahlwort, vom 2ten anfangend, nach der um eins niedrigeren Kardinalzahl benannt wird[1]).

So sagt man in der Sprache der Galla:
toko-ti-ana „das, was der eins (*toko*) angehängt ist“ für „der zweite“.
lama-ti-ana „das, was zwei (*lama*) angehängt ist“ für „der dritte“[2]).

Entsprechend heißt es in der Sprache der zur Neu-Lauenburg-Gruppe (Duke of York Islands) gehörigen Insel Nakukur in Deutsch-Neu-Guinea:
ra i patap „der eins (*ra*) folgende“ für „der zweite“.
tuldi i patap „der drei (*tuldi*) folgende“ für „der vierte“ usw.[3]).

Und ähnlich werden in der sogenannten Aymara-Sprache, die heute noch am Titikaka-See gesprochen wird, die Ordinalia mittels der Postpositionen *kharu* und *kipa*, die „nach“, „hinter“, „folgend auf“ bedeuten, von den nächst niedrigeren Kardinalzahlen gebildet[4]):
kimsa-kharu oder *kimsa-kipa* „der nach drei“ für „der vierte“.
puri-kharu oder *puri-kipa* „der nach vier“ für „der fünfte“.

Nur in dem Ausdruck für „der zweite“ wird dabei seltsamerweise nicht das Kardinalzahlwort für „eins“, sondern das Wort *naira* verwendet, das eigentlich „Auge“, „der vorderste“ bedeutet und den Ausdruck für „der erste“ bildet: *naira-kharu* „der nach dem ersten“ = „der zweite“.

Diese eigentümliche Ausdrucksweise für die Ordinalia, die hier in drei Erdteilen belegt werden konnte, erinnert lebhaft an die oben S. 117 ff. 126 besprochene Ausdrucksweise, bei der neben der im Ordinalzahlwort auszudrückenden Zahl die nächst niedrigere, zu ihr zu erhöhende Kardinal-

---

[1]) „Der erste“ wird auch in diesen Sprachen in besonderer Weise bezeichnet.

[2]) Tutschek, Gramm. § 208.

[3]) Parkinson, Dreißig Jahre in der Südsee S. 746. — Dort ist die Bedeutung des Bildungselementes *patap* nicht angegeben. Herr Dr. Ankermann, dem wir die Herausgabe des Werkes verdanken, hatte die Liebenswürdigkeit, aus dem von Parkinson benutzten Buche der Missionare G. Brown und B. Danks (A Dictionary of the Duke of York Is. Language, New Britain Group, Sydney 1882) festzustellen, daß die oben von mir angenommene Deutung tatsächlich die richtige ist. Er bemerkt dazu, daß Brown noch eine andere Reihe von Ordinalzahlen angebe, die nur bis 5 reichen, was völlig genügen solle, da die Eingeborenen im allgemeinen nur so weit zählen. Diese Ausdrücke lauten:

1. *a mukana* „der erste“.
2. *a wepatap* „der nächste“ (*secundus*).
3. *a weliwan* „der mittlere“.
4. *a murumuru* „der folgende“.

Es scheint evident, daß hier Benennungen der Finger einer Hand vorliegen, die in dem Zahlensystem der melanesischen und polynesischen Sprachen eine große Rolle spielt. 5 heißt dort fast überall *lima* d. i. „Hand“; 6 wird in vielen diesen Sprachen durch „5 und 1“, 7 durch „5 und 2“ ausgedrückt.

[4]) v. Tschudi, Organismus der Khetschua-Sprache S. 295. Middendorf, Die Aymarà-Sprache S. 69.

zahl genannt war, wie neben einem Stammbruch sein Komplementbruch. Sie stellt gegenüber allen andern Ausdrucksformen für das Ordinalzahlwort aber unzweifelhaft etwas sehr Primitives dar. Sie ist gewiß als die allerälteste Stufe in der Entwicklung der Ordinalia anzusehen und repräsentiert eigentlich noch den Urzustand, in dem es die Sprache noch nicht zur Bildung eigener Ausdrucksformen für die Ordinalia gebracht hatte. Freilich kann man dasselbe in gewissem Sinne auch noch von der ägyptischen Ausdrucksform mit *mh* „füllend“, wie von allen entsprechenden Bildungen anderer Sprachen, z. B. der der Berbersprachen und von der Gazellehalbinsel sagen, die doch schon auf einer höheren Stufe zu stehen scheinen. Der wesentliche Unterschied ist aber der, daß dort die Idee vom Entstehen einer neuen Zahl, die um eins höher ist, als die gegebene, überhaupt noch ganz fehlt; während sie, wie wir sahen, dem ägyptischen Ordinalzahlausdruck, wie dem der meisten entwickelteren Sprachen, geradezu zugrunde lag.

Bemerkenswert ist, worauf mich R. Pietschmann hinweist, daß die mit der Aymara-Sprache auf das Engste verwandte Khetschua-Sprache, die alte Schriftsprache des Inkareiches, jene primitive Ausdrucksform für die Ordinalzahlen aufgegeben und durch eine andere ersetzt hat, die der ägyptischen mit *-nw* und den entsprechenden hebräischen und indogermanischen Bildungen mit nominalen Ableitungsendungen näher kommt. Diese besteht darin, daß man der im Ordinalzahlwort auszudrückenden Zahl selbst, nicht der vorhergehenden, die Postposition *ñeken* „zu“, „gegen“, „nach“ anhängt, die die Richtung auf etwas bezeichnet. *kimsa-ñeken* „zu drei“ bedeutet also „der dritte“ [1]).

Dieser Ausdruck entspricht in Form und Bedeutung genau dem berberischen Ausdruck, der mit der Präposition *s* „zu“ gebildet wurde (S. 125). Was er enthält, läuft durchaus auf dasselbe hinaus, was oben als Bedeutung für die ägyptisch-semitisch-indogermanischen Ordinalzahlworte mit nominaler Ableitungsendung ermittelt wurde, die ja augenscheinlich die Zugehörigkeit zu der betreffenden Zahl auszudrücken schienen.

Daß der im Hochgebirge gesprochene Zweig der Sprache (Aymara) ein altertümlicheres Gepräge zeigt, als der zur Kultur- und Schriftsprache gewordene andere Zweig (Khetschua), ist das Natürliche.

Als eine Parallele zu den oben angeführten primitiven Ausdrucksformen der Galla-, Neu-Lauenburg- und Aymara-Sprache, die die Ordinalia als das auf eine Zahl Folgende bezeichnen, kann gewissermaßen das lat. *secundus* angesehen werden, das den „zweiten“ als den auf den ersten (vgl. das *naira-kharu* der Aymara-Sprache) oder einen „folgenden“ bezeichnet.

---

[1]) v. Tschudi a. a. O. S. 284.

Das Ägyptische weist etwas Ähnliches auf, wenn es in gewissen Fällen das Wort *whm* „Wiederholung" statt des Zahlwortes „der zweite" gebraucht, z. B.:

sp tpj whm ḥb·w-śd „erstes Mal und Wiederholung (d. h. zweites Mal) der Königsjubiläen", Urk. IV 596 u. ö. (Dyn. 18).

whm ḥb·w-sd „Wiederholung (d. h. zweites Mal) der Königsjubiläen" neben *3·nw nw ḥb·w-śd* „3tes der Königsjubiläen", *4·n·w nw ḥb·w-śd* „4tes der Königsjubiläen" und *pꜣ ḥb·w-śd mḥ-6* „das 6 vollmachende Königsjubiläum", Brugsch, Thes. 1127/8 (Dyn. 19).

Bei Personen scheint statt dessen *whm·wtj* „Wiederholer" zu stehen:

n whm·wtj-f ḏt „nicht gibt es seinen Wiederholer ewiglich", Urk. IV 80, von einem neuen Könige gesagt, als Sinnvariante für das gewöhnlichere *n śn·nw-fj* „nicht gibt es seinen Zweiten", d. h. ein solcher wird nicht zum zweiten Male gefunden.

Das Altäthiopische bietet nach Littmann etwas ganz Analoges, indem es für „zweiter" meist *dāgem* „der Wiederholer" sagt; dazu gibt es dann die Ableitungen *dāgemāi*, *dāgemāwi* wie bei den andern Ordinalien.

V. Distributivzahlen.

Die Distributivzahlen werden im Ägyptischen und Koptischen in gleicher Weise wie im Arabischen und Hebräischen durch einfache Wiederholung des Kardinalzahlwortes ausgedrückt[1]:

wc wc „je einer", „einzeln", Sall. III 4, 2 (Dyn. 19). Ryl. demot. Pap. 9, 25, 4 (Zeit des Darius).

ⲥⲛⲁⲩ ⲥⲛⲁⲩ „zwei zwei" d. i. „je zwei", Sir. 36, 17. Gen. 7, 15.

ⲕⲁⲧⲁ-ⲣ̄ⲣ̄ ⲛⲉⲙ-ⲕⲁⲧⲁ-ⲛ̄ⲛ̄ „zu je 100 und zu je 50", Mark. 6, 40 (κατὰ ἑκατὸν καὶ κατὰ πεντήκοντα).

Diese Art des Distributivausdrucks, die sich rein zufällig bis jetzt nicht vor dem neuen Reich in Beispielen belegen läßt, ist sicherlich etwas Uraltes. Denn sie beruht, wie das für die semitischen Sprachen längst erkannt worden ist[2], auf der asyndetischen Parataxe, die in der Sprachentwicklung der Koordination mittels der Partikel „und" vorangegangen ist. Das äg. ⲥⲛⲁⲩ ⲥⲛⲁⲩ ist im Deutschen sinnentsprechend durch „zwei und zwei", das ⲕⲁⲧⲁ-ⲣ̄ⲣ̄ durch „zu 100 und 100" zu übersetzen, wie wir ja auch tatsächlich sagen können.

Während das Arabische und Hebräische im übrigen, was die Koordination angeht, bereits über den Urzustand der Parataxe hinausgekommen sind, ist das beim Altägyptischen noch nicht der Fall gewesen. Dort pflegt sowohl „und" wie „oder" für gewöhnlich unausgedrückt zu bleiben[3], wie so vieles andere, was uns heute für eine deutliche Rede unentbehrlich scheint. Erst im Neuägyptischen greift die Koordination mit Partikeln wie *ḥnc* „mit" und *m-mjt·t* „sowie" um sich; im Koptischen, wo ⲙⲛ̄- : ⲛⲉⲙ- „mit" (vor Substantiven) und ⲁⲩⲱ : ⲟⲩⲟϩ „füge zu" (vor Sätzen und Satzteilen) das „und" bezeichnen, ist sie wie im Arabischen und Hebräischen die Regel, wenn man auch hier gelegentlich noch asyndetischer Parataxe begegnet. Man hat also den Distributivausdruck mit Wieder-

---

[1]) Erman, Neuäg. Gramm. § 89. Stern, Kopt. Gramm. § 286. — Auch die Haussa-Sprache hat, wie mir Hr. Rudolf Prietze mitteilt, dieselbe Ausdrucksweise.

[2]) Gesenius, Hebr. Gramm.[25] § 134, 5. Caspari, Arab. Gramm.[5] § 331.

[3]) z. B. „Vorsteher der Speicher von Oberägypten (und) Unterägypten"; „wenn ein Bittsteller aus Oberägypten (oder) Unterägypten kommt".

holung des Zahlwortes, wie er uns im Koptischen und in den genannten semitischen Sprachen vorliegt, als einen stehengebliebenen Zeugen einer früheren, von den betreffenden Sprachen im übrigen längst überwundenen Entwicklungsstufe anzusehen, die uns im Altägyptischen noch wirklich bestehend vor Augen tritt.

Es ist bemerkenswert, daß das Ägyptische wie die semitischen Sprachen die gleiche Form des Distributivausdruckes auch bei andern Worten, die nicht Zahlwörter sind, anwendet[1]), teils um die Begriffe „einzeln", „verschieden", teils um die Begriffe „jeder einzelne", „lauter" auszudrücken, wo wir entweder wiederum ein „und" oder aber eine Präposition (vgl. „Haus bei Haus", „Mann für Mann", „Jahr um Jahr") vor dem wiederholten Wort einschieben[2]) oder auch die Worte „dieser" und „jener" zur Hülfe nehmen.

ḥnc wc wc m šms·w-f „mit einem und dem andern (eig. „mit einem einem") von seinen Gefolgsleuten". Sphinxstele Thutm. IV., Z. 6. *wc* .... *wc* „einer .... einer" bezeichnet im Ägyptischen „den einen .... den andern" auch sonst oft, wo andere Worte dazwischen treten. *wc* fungiert hier nicht als Zahlwort, sondern als Indefinitum oder als unbestimmter Artikel.

n dnì·w dnì·w „in einzelne Stücke", „in lauter Stücke", eig. „in Stücke (und) Stücke", Ryl. dem. Pap. 9, 24, 8.

n p3 ìrpj ìrpj ìrpj „in jedem einzelnen Heiligtum", Ros. demot. 23. 25 (ἐν ἑκάστῳ ἱερῷ), wörtlich „in dem Heiligtum, Heiligtum (und) Heiligtum".

ⲙⲉⲗⲟⲥ ⲙⲉⲗⲟⲥ „Glied (für) Glied", Schenute ed. Leipoldt S. 106.

ⲡ̄-ⲥⲩⲙⲡⲟⲥⲓⲟⲛ ⲥⲩⲙⲡⲟⲥⲓⲟⲛ „in einzelnen Gelagen", Mark. 6, 39 (συμπόσια συμπόσια, Semitismus), eig. in Gelagen (und) Gelagen.

ⲡⲉϩⲟⲟⲩ ⲡⲉϩⲟⲟⲩ „jeder einzelne Tag", eig. „der Tag (und) der Tag".

ϩⲟⲟⲩ ϩⲟⲟⲩ „Tag (für) Tag".

ϫⲟⲗ ϫⲟⲗ „voller Löcher", eig. „Loch (bei) Loch".

ⲧⲟⲉ ⲧⲟⲉ „gefleckt", eig. „Fleck (bei) Fleck", Peyron, Lex. 233.

ⲙ̄-ⲙⲓⲛⲉ ⲙⲓⲛⲉ „von verschiedener Art", eig. „von (dieser) Art (und jener) Art".

ϣⲏⲙ ϣⲏⲙ „allmählich", eig. „wenig (und) wenig".

ⲧⲁⲓ-ⲥⲁⲣⲝ ⲧⲁⲓ-ⲥⲁⲣⲝ „ein und dasselbe Fleisch", eig. „dieses Fleisch (und) dieses Fleisch", 1. Cor. 15, 39 (ἡ αὐτὴ σάρξ).

Ja, man kann auch Verben so wiederholen, um das Hier-und-dort auszudrücken:

ⲉϥ-ⲕⲱⲧⲉ ⲕⲱⲧⲉ „indem er sich (hierin) wendet (und dorthin) wendet", Zoega 270.

---

[1]) Stern, Kopt. Gramm. § 273. Gesenius, Hebr. Gramm.[25] § 123. Brockelmann, Grundriß der vergleichenden Gramm. der semit. Sprachen II S. 458 ff.

[2]) Dies geschieht auch im Hebräischen und Arabischen schon vielfach (Brockelmann a. a. O. S. 459 § 282 b). Das Ägyptische hat diesen Schritt aus dem alten Urzustande nie, auch im Koptischen nicht, getan.

Hier scheint sich deutlich der Ursprung der Reduplikation zu zeigen, mittels der aus einfachen Verben neue Verben gebildet werden, die ja vorzugsweise die Wiederholung, das Hin-und-her, das Auf-und-ab einer Handlung oder eines Zustandes ausdrücken. In der Tat hat sich, wie mich Enno Littmann belehrt, in den lebenden semitischen Dialekten Abessiniens der alte Distributivzahlausdruck, der in der Wiederholung des ganzen Zahlwortes bestand, in Reduplikation einzelner Teile desselben umgesetzt. Man sagt, wo das Altäthiopische noch, in Übereinstimmung mit dem hebr. *šᵉnajim šᵉnajim* und dem arab. *iṯnaini iṯnaini*, *kelɔē kelɔē* für „je zwei" sagte, jetzt im Tigrē *kelkelɔē* und im Tigriña *ka(k)keletā*[1]). Im Tigrē findet sich diese aus der Wiederholung eines Wortes hervorgegangene Reduplikation auch bei distributiven Ausdrücken, die kein Zahlwort enthalten; man sagt dort auch *ṭalṭalīt* „je eine Ziege" für *ṭalīt ṭalīt*.

---

[1]) Vgl. Littmann, Ztschr. f. Assyriol. 25, 327.

Nachträge und Berichtigungen.

S. 7. Die Anknüpfung der niedrigeren Zahl an die höhere durch *irm* „und" (kopt. ⲙⲛ̄-) findet sich vereinzelt bereits im Demotischen: *ḥd 700 irm 60 r sttr 3800 r ḥd 760 cn* „700 und 60 Silberlinge, macht 3800 Statere, macht 760 Silberlinge wiederum", Ryl. demot. Pap. 22, 6.

S. 12. Für die Möglichkeit eines Zusammenhanges zwischen *ḥḥ* „Million" und *ḥjḥj* „suchen" spricht, daß auch das Wort *nḥḥ* „Ewigkeit" (ⲉⲛⲉϩ) ein Partizipium imperf. pass. von *nḥj* „begehren", „wünschen", zu sein scheint („der Begehrtwerdende"), wie der mit demselben Determinativ der Zeit versehene und gewiß damit zusammenhängende Name des Gottes der Zeit *Nḥj·j* („*Nḥj·j* der Herr der Jahre", oft als Beiname des Gottes Ptaḥ belegt) „der Begehrte" (Partizipium perf. pass.) zu bedeuten scheint[1]).

S. 14. Demotische Ausdrücke für 170 000 und 370 000 als Vielfache des Zahlwortes 10 000 finden sich bei Spiegelberg, Demotische Chronik Gloss. B. Nr. 614. Was Spieg. ebenda für die Ziffer 100 000 hielt, muß der Rest eines zerstörten Wortes, das voranging (etwa *dbn* „Pfund" ?), sein.

S. 16. Zugunsten der Identität von *ḫ:* „1000" mit *ḫ:* „Lotuspflanze" spricht vielleicht auch die auf S. 6 besprochene ideographisierende Zusammenfassung mehrerer Tausend-Zeichen zu Büschen.

S. 28. Es scheint nach allem doch, daß der Ausdruck *ḥntj* überhaupt gar kein Dualis war, sondern erst später wegen seiner Endung *j* so geschrieben wurde, wie das ja öfter vorkommt (vgl. Verbum I § 125). Dann würde die in Anm. 1 belegte alte Form damit identisch sein und nur eine dem Brauche ihrer Zeit entsprechende defektive Schreibung davon darstellen.

S. 50 Anm. 1. Die Maßangaben mit nachgestellter Ziffer sind aber im Geschäftsleben vielleicht wirklich oft so gesprochen worden, wie sie geschrieben werden. So wird ja auch unser *Mk. 10* (S. 49) von Kaufleuten wirklich *Mark zehn* gelesen.

S. 50/1. Die Konstruktion der Zahlworte, wie sie aus dem Papyrus Westcar für den Ausgang des mittleren Reiches (vor 1600 v. Chr.) fest-

---

[1]) Pyr. 449 a. Kairo, Statue des Prinzen Chac-em-wese (Journal d'entrée 36 720). Louvre A. 27 (geschrieben wie *nḥḥ*).

zustellen war (Artikel im Singularis — Zahlwort — gezähltes Wort im Pluralis), liegt merkwürdigerweise auch in den eigentümlichen Personennamen der griechisch-römischen Zeit vor, die eine Anzahl von Brüdern o. ä. bezeichnen, und über die Spiegelberg, Demotische Studien I S. 35 (§ 10) gehandelt hat[1]):

mask. Πχεμτερῆυς, demot. *P3-3-irj·w* „die 3 Genossen (ⲉⲣⲏⲩ plur.)", Spieg. a. a. O. S. 56*, Nr. 403.

mask. Χεμσνεύς, demot. *3 sn w* „3 Brüder (ⲥⲛⲏⲩ plur. von ⲥⲟⲛ)", Spieg. a. a. O. S. 57*, Nr. 413; kopt. ϣⲙⲛ̄ⲧⲥⲛⲏⲩ, ϣⲙ̄ⲧⲥⲛⲏⲩ u. Varr. s. Crum, Kopt. Rechtsurk. S. 461.

fem. Τχμντχμερις, Τχεντχβερις, Τχεντχβαιρις, demot. *T3-3-ḫbr·t* „die 3 Gefährtinnen (ϣⲃⲉⲉⲣⲉ)", Spieg. a. a. O. S. 55*, Nr. 403.

mask. Φθονσνεύς, demot. *4-sn w* „4 Brüder (ⲥⲛⲏⲩ)", Spieg. a. a. O. S. 43*, Nr. 301.

Dagegen zeigt der entsprechende Name mit der Zahl 2:

mask. Σανσνῶς, demot. *sn-2* „2 Brüder" (kopt. ⲥⲟⲛ ⲥⲛⲁⲩ), Spieg. a. a. O. S. 44*, Nr. 305,

das gezählte Wort voranstehend und im Singularis, ebenfalls in Übereinstimmung mit dem Papyrus Westcar, s. S. 48.

Man wird annehmen müssen, daß die Namen noch aus der Entstehungszeit dieses Textes stammten.

S. 56 a. E. Füge zu: ϣⲙ̄ⲧ-ⲥⲟⲡ „dreimal", Sir. 48, 3. ϣⲙ̄ⲧ-ⲣⲟⲙⲡⲉ „drei Jahre" (*triennium*).

S. 58, 1. Spalte, unterstes Feld. Lies: *t 1000-k* statt *t-k 1000.*

S. 75. Die wörtliche Übersetzung von *pšš·t* „Hälfte" (ⲡⲁϣⲉ) ist wohl besser „Teilung" als „Teil", vgl. ⲟⲩⲁϣⲧⲉ „Anbetung". Das Wort bedeutet im Koptischen auch „Mitte" (z. B. „die Mitte der Nacht"; dementsprechend findet sich *pšš n grh* für „Mitternacht" schon im neuen Reich, siehe meine Unters. V 41).

S. 76. × findet sich als Bruchbezeichnung vielleicht auch Siut I 302 dem Biermaß *dsj* „Krug" beigefügt (etwa „ein Quart" ?).

S. 101. 104. Ein demotisches Beispiel für einen Komplementbruch, das zu denken gibt, enthält der Papyrus Hauswaldt 2, ein Grundstücksverkauf, dessen beide Teile („Geldbezahlungsschrift" und „Abstandsschrift") in je 5 Abschriften vorliegen, sodaß wir die für uns in Betracht kommende Stelle in zehnfacher Abschrift besitzen. Die Verkäufer verkaufen dort ihren 1/6 Teil eines Ackers. Als südlicher Nachbar desselben wird ein anderer Acker genannt mit einem Zusatz, der besagen muß, daß dieser Nachbaracker die übrigen 5/6 des Gesamtgrundstückes bilde. Ägyptisch ist das,

---

[1]) Ihm verdanke ich auch den Hinweis auf diese Erscheinung.

mit der S. 111 besprochenen Anwendung des Verbums *mḥ* „füllen“, durch die Worte *iw-f mḥ* . . . „indem er vollmacht . . .“, d. i. „vollmachend . . .“ ausgedrückt.

Während nun der erste Ausdruck für das Sechstel in allen Abschriften in der oben S. 90 besprochenen Form gegeben ist:
tꜣj-n (resp. *tꜣj-k*) *dni·t r 6*[1]) „unser (resp. dein) 1/6 Teil“,
ist der Ausdruck, der den Komplementbruch 5/6 wiedergeben muß, in den verschiedenen Abschriften, und zwar zum Teil von einem und demselben Schreiber, verschieden geschrieben. Darin stimmen alle überein, daß sie den Ausdruck mit der Zahl 5 (ohne Andeutung der Femininalform) enden lassen. In dem, was dieser Zahl vorangeht und auf das Wort *mḥ* folgt, weichen die Texte voneinander ab. Mehrere haben hier einen schrägen Strich oder Haken, der wie die Präposition *r* (ⲉ) aussieht (c 7. g 3. h 5); andere haben dafür nichts, sodaß überhaupt nur die Zahl 5 auf das *mḥ* folgt (a 6. b 4. f 6); ebenso bei einer dritten Gruppe von 2 Schreibern, die auch die Worte *iw-f mḥ* „vollmachend“ äußerst stark abgekürzt geschrieben haben (d 4. e 4. i 3. k 3). Es ist klar, daß wir in diesem wie die Präposition *r* aussehenden und wie sie behandelten Element (auch diese Präposition bleibt ja oft unbezeichnet) eine Bezeichnung oder Andeutung des Wortes für „Teil“ zu erkennen haben, das mit der Zahl 5 den Komplementbruch „5 Teile“ = 5/6 bildete. Eine unetymologische Schreibung des alten *rȏ* „Mund“ darin zu erkennen, wie es Spiegelbergs Gedanke gewesen zu sein scheint, wäre wohl ein Anachronismus. Nach dem, was oben S. 104 Anm. 2 festgestellt wurde, wird man hier wohl nur *dni·t* „Bruchteil“ (ⲧⲟⲉ : ⲧⲟⲓ) erwarten können; daß die zugehörige Zahl 5 nicht das Kennzeichen der Feminina hat, würde nichts daran hindern, denn das fehlt ja auch sonst oft. In der scheinbaren Präposition *r* aber, die stattdessen dasteht, wird man ein Abkürzungszeichen zu erkennen haben, wie es sich im Demotischen in der gleichen Gestaltung auch sonst findet. So kürzt man z. B. die Worte *tꜣj-w pš·t* „ihre Hälfte beträgt:“ und *irj-n* „macht insgesamt“ in Umrechnungen gern so durch einen wie die Präposition *r* aussehenden Strich ab[2]), z. B. *rdb sw 2 r* (= *tꜣj-w pš·t*) *1 r* (= *irj-n*) *rdb sw 2 cn* „2 Artaben Weizen, ihre Hälfte beträgt 1 (Artabe Weizen), macht insgesamt 2 Artaben Weizen wiederum“, Pap. Berl. 3102, 18, siehe dazu Sethe-Partsch, Demot. Bürgschaftsurkunden 1, § 17a. 9, § 61. 10, § 16. — So wird man also wohl auch bei uns zu lesen haben: *iw-f mḥ r* (= *tꜣ dni·t*) *5* „indem er vollmacht die 5 Teile“.

[1]) Es steht so, in der üblichen Ligatur dafür (vgl. Brugsch, Gramm. démot. § 141 a), da, wie an der oben S. 90 zitierten Stelle Ryl. 19, 4; nicht *mḥ 6*, wie Spiegelberg lesen wollte.

[2]) Daß auch dieses Abkürzungszeichen, das man der Einfachheit wegen am besten mit *r* transkribiert, weggelassen werden kann wie die Präposition *r*, lehrt z. B. Kairo 30689 (= Dem. Bürgschaftsurk. 4), Z. 3. 8.

S. 113. Eine feine Parallele zu dem ägyptischen Ordinalzahlausdruck mit *mḥ* „füllend“ weist mir E. Littmann aus dem Arabischen in den Märchen der „1001 Nacht“ nach:

fa-lammā kānat-i 'l-lailatu 'l-mūfijatu lil-cišrīna „und als die Nacht, die vollmachende der zwanzig, kam“, d. i. die 20. Nacht.

fa-lammā kānat-i 'l-lailatu 'l-mūfijatu lil-ḫamsīna bacda 'l-miɔataini „und als die Nacht, die vollmachende der fünfzig nach den zweihundert, kam“, d. i. die 250. Nacht.

Hier entspricht das fem. Partizip *'l-mūfijatu* „die füllende“ von *ɔaufā* (Form IV des Stammes *wfj*) genau dem äg. *mḥ·t*. Das Arabische wendet diese Umschreibung der Ordinalia aber nur bei solchen Zahlen an, für die die Sprache keine eigenen Ordinalia der alten partizipialen Form bilden konnte, also bei den höheren Zahlen ohne Einer. Die 243. Nacht z. B. heißt in den „1001 Nacht“ dagegen:

'l-lailatu 'l-ṯāliṯatu wa 'l-ɔarbacūna bacda 'l-miɔataini „die Nacht, die dritte (eig. drei machende) und die vierzig nach den zweihundert“.

S. 123. Die Zusammenstellung der ägyptischen Ordinalzahlendung *-nw* mit der semitischen Endung *-ān* und ihre Deutung als Äquivalent der Nisbeendung *j* erfährt eine schöne Bestätigung durch das Amharische. Dieses bildet nach Mitteilung von E. Littmann an Stelle der altäthiopischen Ordinalia der partizipialen Form neue Ordinalia mittels der Endung *-aňā*, die im Amharischen als Nisbeendung dient, von den Kardinalzahlworten: *s^u^ōst* „drei“ (aus **salast* entstanden), *s^u^ōst-aňā* „dritter“.

Hier liegt also eine genaue Parallele zu den ägyptischen Ordinalzahlen vor, die ja gleichfalls von der Kardinalzahl gebildet zu sein scheinen.

Register.

I. Sachlich.

II. Worte.

Ägyptisch

nach Konsonanten geordnet in der üblichen Reihenfolge.

Semitisch.

Afrikanische Sprachen.

Griechisch.

Lateinisch.

Andere indogerm. Sprachen.

Verschiedene Sprachen.

III. Ganze Zahlen.

IV. Brüche

nach dem Nenner geordnet.

Schriften der Wissenschaftlichen Gesellschaft in Straßburg XXV.
Tafel I. Die ägyptischen Ziffern für die Vielfachen von 1, 10, 100 und 1000 in hieroglyphischer, hieratischer und demotischer Schrift.

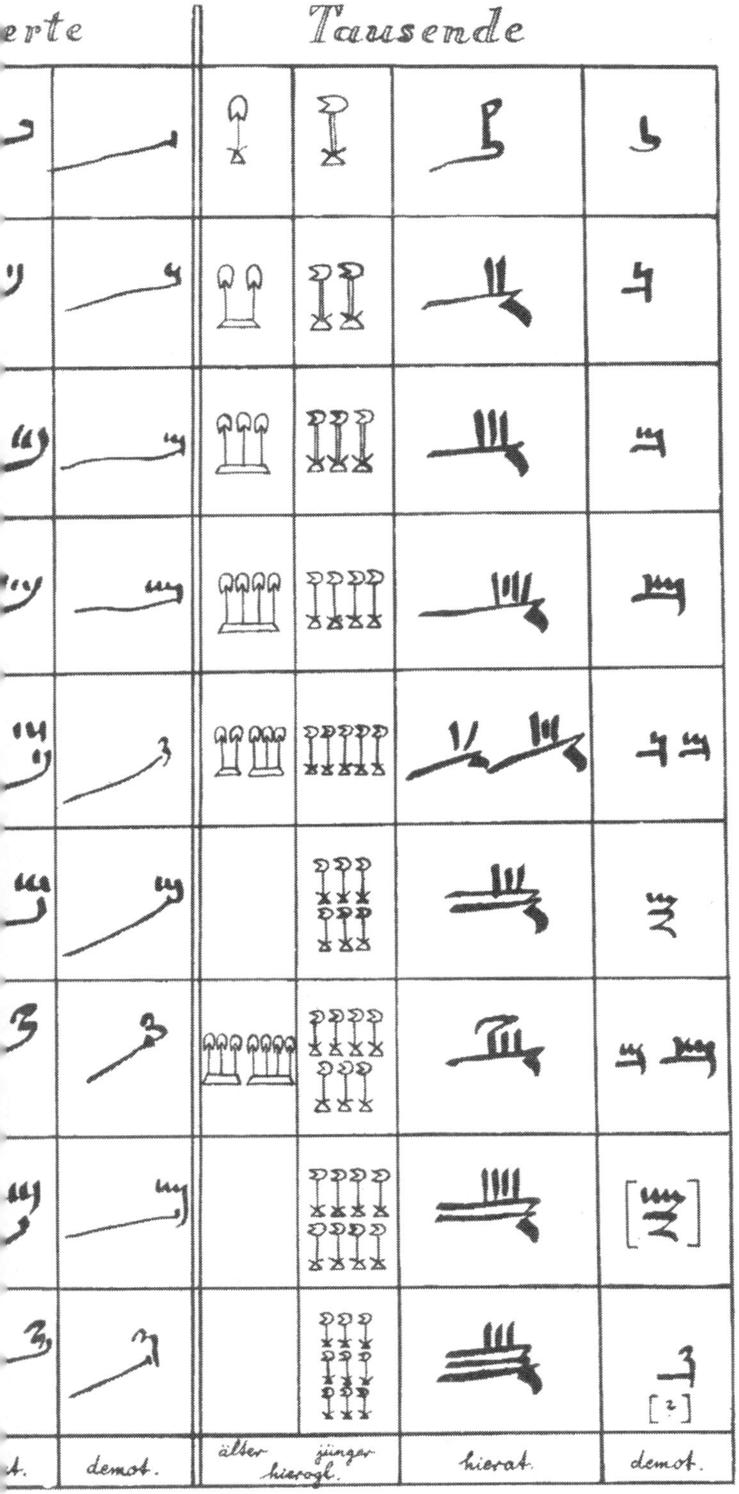

Verlag von Karl J. Trübner in Straßburg.

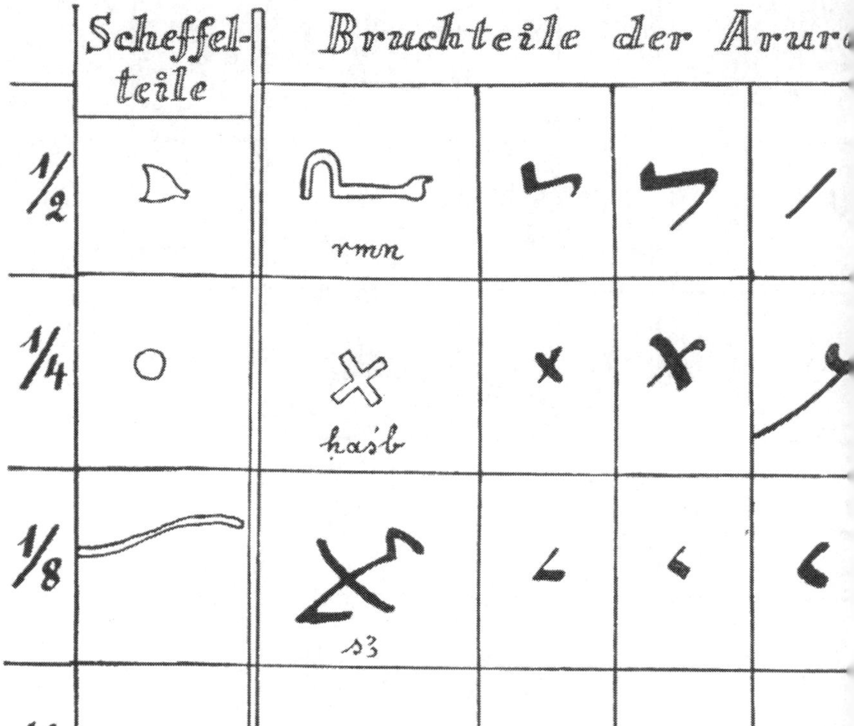

Schriften der Wissenschaftlichen Gesellschaft in Straßburg XXV.
Tafel II. Halbierungsteile.

Allgemeine Bruchbezeichnungen

Verlag von Karl J. Trübner in Straßburg.

Altaegyptische Bruchzei

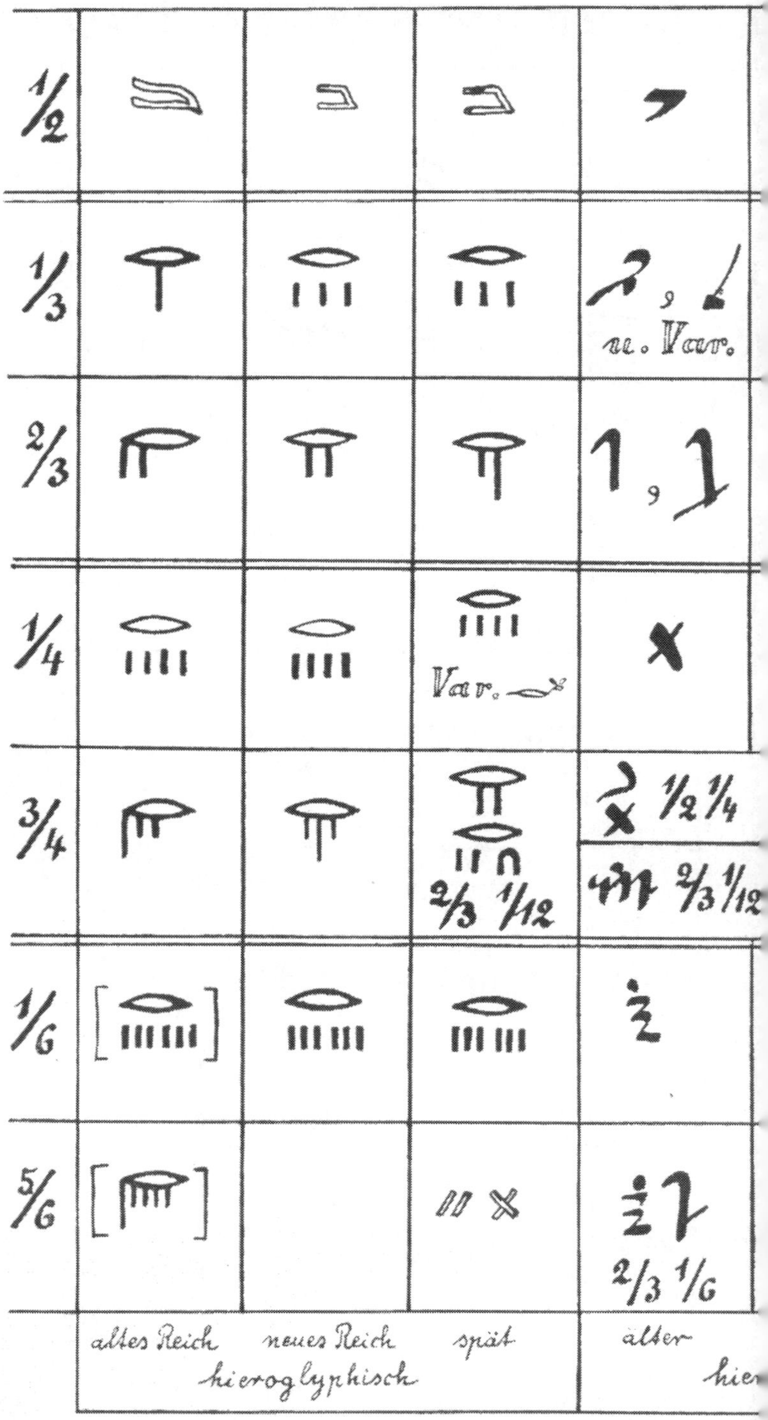

Schriften der Wissenschaftlichen Gesellschaft in Straßburg XXV.
Tafel III. Stamm- und Komplementbrüche.

Arabische Bruchzeichen

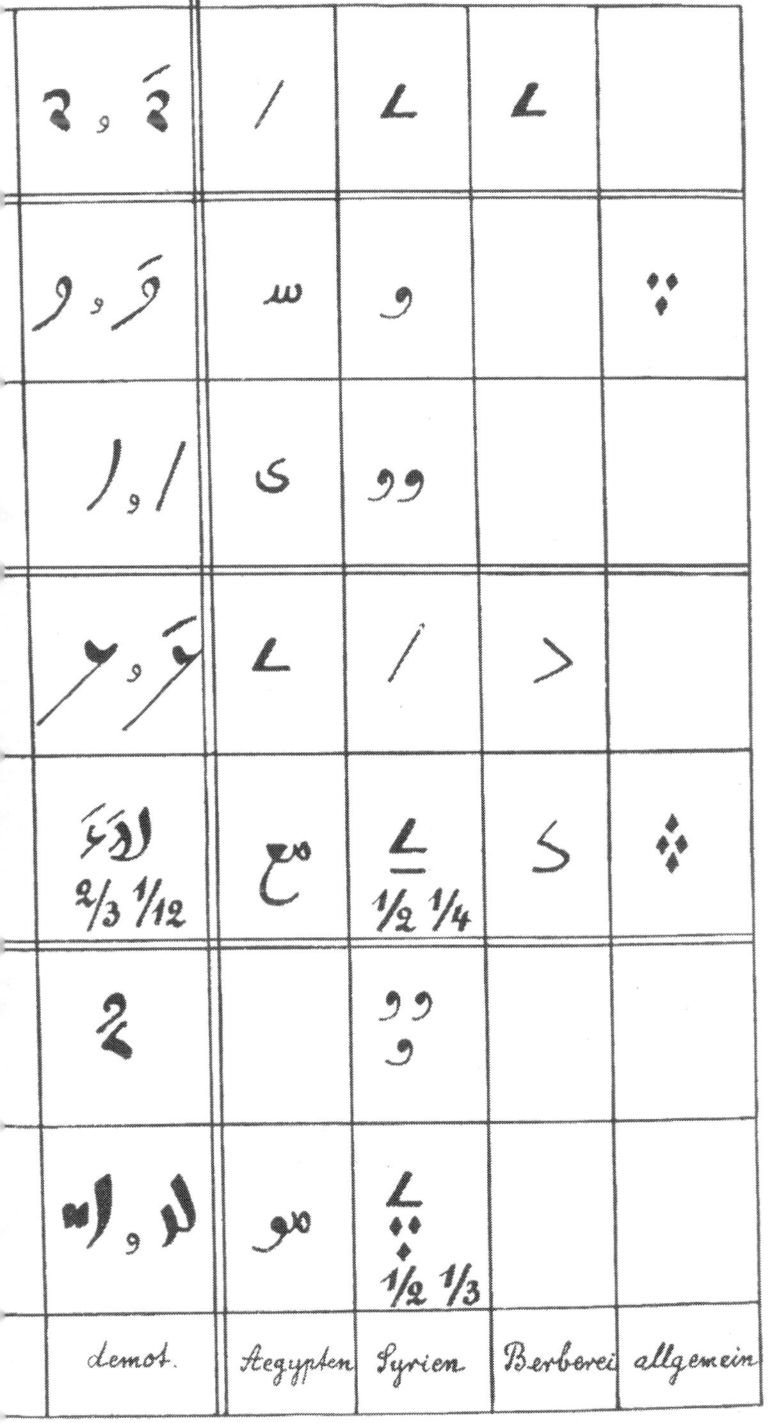

Verlag von Karl J. Trübner in raßburg.

FSC
www.fsc.org
MIX
Papier | Fördert
gute Waldnutzung
FSC® C083411

Kolibri 360 GmbH
Ferdinand-Jühlke-Straße 7
99095 Erfurt, Deutschland
produktsicherheit@kolibri360.de